QUAL2K 河流水质模拟模型
理论方法与应用指南

赵琰鑫　陈　岩　吴悦颖　等　编著

气象出版社

China Meteorological Press

内容简介

随着环境污染的日益加剧,环境问题已经成为社会热点问题,也使得环境管理逐步受到关注。然而,我国流域水环境的管理起步较晚,亟需一个与我国基础环境数据现状相吻合而又值得信赖的流域模型。河流综合水质模型(QUAL2K 模型)源于美国,其功能全面、数据需求量少、可视化程度高、操作简便、应用广泛,正逐步受到国内外专家、学者以及环境管理部门的青睐,本书分别从原理、方法、安装和应用等方面对其进行了详细的介绍。

图书在版编目(CIP)数据

QUAL2K 河流水质模拟模型理论方法与应用指南/赵琰鑫等编著.
北京:气象出版社,2015.12
ISBN 978-7-5029-5648-6

Ⅰ.①Q⋯ Ⅱ.①赵⋯ Ⅲ.①河流-水质模拟-水质模型
Ⅳ.①X832

中国版本图书馆 CIP 数据核字(2015)第 285107 号

出版发行:气象出版社			
地　　址:北京市海淀区中关村南大街 46 号		邮政编码:100081	
总 编 室:010-68407112		发 行 部:010-68406169	
网　　址:http://www.qxcbs.com		**E-mail**:qxcbs@cma.gov.cn	
责任编辑:刘　畅　蔺学东		终　　审:章澄昌	
封面设计:八　度		责任技编:赵相宁	
印　　刷:北京京华虎彩印刷有限公司			
开　　本:787 mm×1092 mm　1/16		印　　张:8.25	
字　　数:230 千字		彩　　插:1	
版　　次:2015 年 12 月第 1 版		印　　次:2015 年 12 月第 1 次印刷	
定　　价:30.00 元			

本书如存在文字不清、漏印以及缺页、倒页、脱页等,请与本社发行部联系调换。

《QUAL2K 河流水质模拟模型理论方法与应用指南》
编委会

前　　言

随着环境污染的日益加剧,环境问题已经成为社会热点问题,强化环境管理已是政府和社会的普遍共识。作为环境管理的重要支撑工具,流域水环境模型也已经成为环境科学领域研究的重点之一。然而,我国流域水环境的模拟研究起步较晚,从模型理论方法、基础参数积累和案例应用经验等各方面都相对薄弱,亟需吸取国内外模型实践的先进经验,积极推广现有的部分简单易用、数据要求较少,而又成熟可靠的优秀流域模型。

QUAL2K 是美国 EPA 推出的一个综合性、多用途的河流综合水质模型。QUAL2K 模型功能全面,通用性强,对数据、资料的需求量较少,模型大量的动力学参数可以参照相关研究成果获得;模型图形用户界面采用 Excel 实现,界面规范,操作方便、容易掌握;此外,模型数学计算模块经过优化,效率高、内存需求小、运行速度快;模型源代码还可从美国环保局的网站直接获得。自 20 世纪 70 年代推出最初版本以来,经过半个多世纪的发展,QUAL2K 模型功能不断增强,界面日趋完善,现已成为国外河流水质模拟及河流规划管理实践中最广泛应用的模型之一,也是美国 TMDL 的主要支持模型之一。

QUAL2K 模型在国内部分流域已经得到初步应用,并取得较好的模拟效果,但是国内系统介绍模型原理和使用方法的专著尚不多见,不利于模型在我国水环境管理的推广和应用。本书图文并茂、较为详实和全面地介绍了 QUAL2K 的模型结构、模型动力学原理、模型数学方法、推荐参数取值等,并结合模型操作方法的详细解释,对模型界面进行了说明,极大方便了对模型的学习和理解,可满足环境管理人员、水环境规划和评价技术人员等对模型建立和审查等不同层次的具体要求。

全书共分 5 个章节。第 1 章"模型概述"简单介绍了 QUAL2K 模型的发展历程和主要模型特性;第 2 章"模型基础结构"介绍了 QUAL2K 模型的河网概化和拓扑构建、点面源概化方法;第 3 章"模型数学方法"详细介绍了 QUAL2K 模型包含的水力学模型、温度—热通量模型和水质模型的基本物理机理、主要反应过程概化、模型方程和求解方法等,使模型使用者可以充分了解 QUAL2K 模型的主要原理和方法;第 4 章"系统需求与模型安装"介绍了 QUAL2K 模型的系统需求和安装方法;第 5 章"模型使用指南"详细介绍了 QUAL2K 模型的模型界面、输入数据、参数设置、输出结果和推荐模型参数取值等,以方便使用者掌握模型使用方法。

本书的编写过程得到了环境保护部、环境保护部环境工程评估中心、以及环境保护部环境规划院等单位相关领导和同仁的帮助和支持,在此表示衷心感谢!

限于作者能力和对相关资料的掌握有限,本书对 QUAL2K 模型的介绍难免会有疏漏和不当之处,请各位读者和有关专家批评指正。

编　者
2015 年 11 月

目　　录

第❶部分

QUAL2K模型的原理与方法

第 1 章　模型概述

QUAL2K 是美国国家环保局(U. S. EPA)推出的一个综合性、多用途的河流综合水质模型,同时也是 QUAL 系列模型的最新版本,为国外河流水质模拟及河流规划管理实践中最广泛应用的模型之一。

QUAL 系列模型既可以用作稳态模拟,也可以用作时变的动态模拟,不仅可用来研究入流污水负荷对受纳水体水质的影响,也可用来研究非点源污染问题。此外,QUAL 系列模型还可以应用于主流、支流并存的均匀河段,假设污染物质在河流主流方向上的主要迁移方式是平移和弥散作用,并且认为迁移只发生在流向方向上,用来计算靠增加河流流量来满足预定溶解氧水平时所需要的稀释流量。

从 QUAL 系列模型的发展历程上看,自 20 世纪 70 年代推出最初版本以后,经过半个多世纪的发展,模型经过 QUAL-I→QUAL-II→QUAL2E→QUAL2K 等版本升级和修订,功能不断增强,界面日趋完善。

QUAL 模型系列中的最初完整模型是美国德克萨斯州水利发展部(Texas Water Development Board)于 1971 年开发完成的 QUAL-I 模型。而 QUAL-I 模型的最早雏形则是 Masch F D 及其同事在 1970 年开发。

QUAL-I 模型应用较成功。在修正藻类、营养物质和光合作用模块的基础上,1972 年美国水资源工程公司(Water Resources Engineering, Inc.)和美国环保局合作开发完成了 QUAL-II 模型的第 1 个版本。1976 年 3 月,东南密歇根政府委员会 SEMCOG(Southeast Michigan Council of Governments)和美国水资源工程公司合作对此模型做了进一步的修改,并将当时各版本的所有优秀特性都合并到了 QUAL-II 模型的新版本中。QUAL-II 模型属于综合水质模型,可按用户需求的任意组合方式模拟 13 种物质:溶解氧、生化需氧量(BOD)、温度、藻类-叶绿素 a、氨氮、亚硝酸盐氮、硝酸盐氮、溶解的正磷酸盐、大肠杆菌、1 种任选的可降解性污染物质、3 种难降解的惰性组分。与 QUAL-I 相比,QUAL-II 模型进一步阐述了水生生态系统与各污染物间的关系,使水质问题的研究更深化。

1982 年,美国塔夫茨大学(Tufts University)土木工程系和美国环保局水质模拟中心(Center for Water Quality Modeling)环境研究实验室达成合作协议,推出了 QUAL2E 模型。

QUAL2E 具备了对定常仿真输出的不确定分析(UNCAS)的扩充能力。同时,此版本的 QUAL2E 还提供了配套的不确定性分析程序(QUAL2E-UNCAS)。

2008 年 U. S. EPA 推出了目前的最新版本 QUAL2K(Version 2.11)。QUAL2K(Q2K) 是 QUAL2E(Q2E)模型的最新改进版本。

Q2K 在以下方面类似于 Q2E:

①一维模型:河道是在垂向和横向上混合均匀的。

②支流:研究水系可包括一条主干河流及若干条支流。

③稳态水力学:模拟的是非均一的稳流。

④昼夜热量平衡:在昼夜时间尺度上,通过气象函数模拟热量平衡和温度。

⑤昼夜水质动力学:在昼夜时间尺度上,模拟所有水质变量。

⑥热量和质量的输入:模拟点源和非点源负荷和输出。

相比较以前的 QUAL 系列模型,QUAL2K 包括以下新的特征:

①软件的环境和界面:Q2K 是在微软 Windows 环境下使用,其中数值计算用 Fortran 90 编程。Excel 作为用户图形界面。操作界面采用微软 Office:Visual Basic for Applications 应用程序(VBA)宏语言编程开发。

②模型分段:Q2E 将水系分割成由间隔相等的单元组成的河段。Q2K 也将系统分为河段和单元,然而,与 Q2E 相比,Q2K 模型的单元大小可以不同。此外,任一单元内可有多种类型的负荷排放和输出。

③碳质 BOD 形态:Q2K 使用两种形式碳质 BOD 代表有机碳,包括慢速氧化形态的有机碳(慢反应 CBOD)和快速氧化形态的有机碳(快反应 CBOD)。

④缺氧:Q2K 在低氧气水平下通过降低氧化还原反应速率来适应缺氧。此外,在低氧浓度时,反硝化反应被模拟为一级反应。

⑤沉积物与水的相互作用:沉积物—水的溶解氧和营养物质通量可以通过程序内部模拟,不必预先规定。沉积物—水的溶解氧和营养物质通量模拟考虑了颗粒有机物沉降、沉积物中的反应动力学,以及表层水中溶解性物质浓度的影响。

⑥底栖藻类:模型直接模拟底栖藻类。底栖藻类具有可变的化学计量学参数。

⑦光损耗:光损耗考虑藻类、腐殖质和无机固体的影响。

⑧pH:模拟了碱度和总无机碳。河流 pH 值的计算基于以上两个变量。

⑨病原体:普通病原体的模拟模型。病原体的去除受温度、光照和沉淀作用的影响。

⑩河段特定的动力学参数:Q2K 允许用户为某一特定河段指定相关动力学参数。

⑪堰和瀑布:包括了溢流堰的水力学,以及堰和跌水对气体传输的影响。

根据国内外 Q2K 模型的应用经验来看,Q2K 模型具有以下优点:

①功能全面,通用性强。

②对数据、资料的需求量较少,所需花费的人力、时间和经费也较少。

③模型是由一些简单模型组合而成,该模型中大量的动力学参数可以参照相关研究成果。

④图形用户界面采用 Excel 实现,界面规范,可视化程度高,同时操作方便、容易掌握。

⑤模型数学计算模块采用 Fortran 开发和优化,计算效率高,内存需求小且运行速度快。

⑥可从美国环保局的网站获得源代码。

⑦在国内外都得到了较为广泛的应用,模型认可度很高。

QUAL2E

开发者联系信息

Paul Cocca

US Environmental Protection Agency

1200 Pennsylvania Avenue, N. W.

Washington, DC 20460

(202) 566—0406

cocca. paul@epa. gov

下载信息

- 提供方式:非专利性
- http://www.epa.gov/docs/QUAL2E_WINDOWS/
- http://www.epa.gov/ceampubl/swater/index.htm
- 费用:免费

模型概况

QUAL2E(Enhanced Stream Water Quality Model)模型可按照用户需求模拟无机悬浮颗粒物、溶解氧、生化需氧量、有机氮、氨氮、硝酸盐氮、有机磷、无机磷、浮游植物浓度、病原体和三种自定义污染物等 15 个水质模拟变量,以详细描述河流水体中的氮磷营养盐、浮游植物、溶解氧和耗氧有机质的动态变化过程。模型既适用于河道非均匀流中随时间变化的水质问题,也可以用于稳态和昼夜时间变量的情况。

水质指标

- 溶解氧和耗氧
- 营养盐
- 示踪剂

- 藻类动态和水华
- 细菌

模型可模拟过程

- 流域　　　　　　　不支持
- 汇水　　　　　　　中等
- 生态系统　　　　　中等
- 地下水　　　　　　不支持

模型功能

　　QUAL2E 模型是一个一维的综合性河流水质模型。模型适用于枝状河流,允许沿河有多个排污口、取水口、支流,也允许入流量有缓慢的变化,以分析入流点、面源负荷(包括数量、质量和位置)对受纳河流水体水质的影响。模型基本假定为:河流断面为梯形,污染物平流和弥散作用只在主流方向发生,水量和污染物质量守恒。模板基本控制方程为包括源汇项的对流扩散反应方程。控制方程通过在时间和空间中的隐式向后差分方法求解。

　　模型既可以用作稳态模型,也可以用作时变的动态模型。

模型框架

- 航道水网
- 窄河流和小溪

尺度

空间尺度

- 一维水平,非均匀流

时间尺度

- 稳态

基本模型假设

- 稳态,非均匀流
- 河道断面为梯形
- 水量平衡

模型优点

- 较为全面的营养盐、藻类和溶解氧的动态模拟
- 易于使用和理解
- 提供模型手册和使用指南,并可获得大量相关文献
- 可用 QUAL2E-UNCAS 进行灵敏度分析

模型缺点

- 一维渠道,不考虑潮汐的影响
- 稳流,无法模拟变量的流动条件
- 特定的沉积物需氧量(SOD)
- 不能描述沉积物矿化作用

应用历史

　　QUAL2E 已在全世界的广大地区广泛应用,包括美国、智利、意大利、西班牙、斯洛文尼亚、印度和南非。

模型评估

　　QUAL2E 已经得到广泛测试,相关材料可以在期刊论文和技术报告中找到。例如,可上网浏览 Francois Birgand 写的一篇关于对 QUAL2E 评价的文章(http://www3. bae. ncsu. edu/Regional-Bulletins/Modeling-Bulletin/qual2e. html)。

模型输入

- 河流概化
- 水文、水质实测数据
- 水力数据
- 生化需氧量和溶解氧速率等反应参数
- 初始条件
- 入流条件
- 水源来流
- 点源或非点源排放

使用手册

可在线查询:http://smig. usgs. gov/cgi-bin/SMIC/model_home_pages/model_home? selection＝qual2e.

硬件/软件要求

硬件

- 个人电脑

操作系统

- PC-DOS,Windows

编程语言

- Fortran

预计运行时间

- 数分钟

支持连接

- Basins

相关系统

- QUAL2K，DYNHYD5/WASP5，CE-QUAL-RIV1

灵敏度/不确定度/校准

- 可基于 QUAL2E-UNCAS 进行不确定性分析

模型界面功能

- DOS 版本最新的 QUAL2E Windows 版本提供 Windows 界面

参考文献

Barnwell T O，Brown L C. 1987. The Enhanced Stream Water Quality Models QUAL2E and QUAL2E-UNCAS：*Documentation and User Manual*. EPA/600/3-87/007. U. S. Environmental Protection Agency，Washington DC.

Chapra S C. 1997. *Surface Water Quality Modeling*. McGraw-Hill，Inc. New York.

Manual for Windows Interface available separately as：U. S. Environmental Protection Agency（USEPA）. 1995. *QUAL2E Windows Interface Users Guide*. EPA/823/B/95/003. U. S. Environmental Protection Agency，Washington DC.

QUAL2K

开发者联系信息

Steven C Chapra

Professor，Berger Chair

Tufts University

Department of Civil & Environmental Engineering

Anderson Hall，Medford，MA 02155

（617）627—3654

steven. chapra@tufts. edu

http：//www. epa. gov/ATHENS/wwqtsc/html/qual2k. html

下载信息

- 提供方式:非专利性

- http：//www. epa. gov/ATHENS/wwqtsc/html/qual2k. html

• 费用：免费

模型概况

　　QUAL2K 同 QUAL2E 类似，可详细描述河流水体中的氮磷营养盐、浮游植物、溶解氧和耗氧有机质的动态变化过程。此外，模型又进一步增加了两种类型的 CBOD、沉积物通量、pH 和碱度等水质指标的模拟。同时，模型对病原体模拟的动力学方法等进行了改进。

　　模型既适用于河道非均匀流中随时间变化的水质问题，也可以用于稳态和昼夜时间变量的情况。

水质指标

• 溶解氧和耗氧
• 营养盐
• 示踪剂
• 藻类动态和水华
• 细菌
• pH 值和碱度

模型可模拟过程

• 流域　　　　　不支持
• 汇水　　　　　中等
• 生态系统　　　中等
• 空气　　　　　不支持
• 地下水　　　　不支持

模型功能

　　QUAL2K 模型是一个一维的综合性河流水质模型。模型适用于枝状河流，允许沿河有多个排污口、取水口、支流，也允许入流量有缓慢的变化，以分析入流点、面源负荷（包括数量、质量和位置）对受纳河流水体水质的影响。模型基本假定为：河流断面为梯形，污染物平流和弥散作用只在主流方向发生，水量和污染物质量守恒。模板基本控制方程为包括源汇项的对流扩散反应方程。控制方程通过在时间和空间中的隐式向后差分方法求解。

　　模型既可以用作稳态模型，也可以用作时变的动态模型。

模型框架

• 窄河流和小溪

尺度

空间尺度

- 一维

时间尺度

- 稳态

基本模型假设

- 稳态,非均匀流
- 河段断面为梯形
- 水量平衡

模型优点

- 有全面的营养、藻类和溶解氧的动态模拟
- 沉积物通量过程模拟
- 易于使用和理解
- 提供模型手册和使用指南,并可获得大量相关文献

模型缺点

- 一维渠道,不考虑潮汐的影响
- 稳流,不能模拟变量的流动条件

应用历史

QUAL2K 在美国 TMDL 实践中广泛应用,相关案例可从网络上公开下载获得。

模型评估

QUAL2K 已经被广泛测试过,相关材料可以在期刊论文和技术报告中找到。

模型输入

- 河流概化
- 水文、水质实测数据
- 水力数据
- 生化需氧量和溶解氧速率常数等反应参数
- 初始条件
- 入流条件
- 水源来流
- 点源或非点源

使用手册

可在线查询:http://www.epa.gov/ATHENS/wwqtsc/html/qual2k.html

硬件/软件要求

硬件

- 个人电脑

操作系统

- MS Office 2000 的 Windows ME/2000/XP 或更高

编程语言

- Excel VBA
- Fortran

预计运行时间

- 几分钟到几小时

支持连接

无

相关系统

- QUAL2E，CE-QUAL-RIV1，DYNHYD5/WASP5

灵敏度/不确定度/校准

未提供

模型界面功能

- Microsoft Excel 界面

参考文献

Chapra S C，Pelletier G J. 2003. *QUAL2K：A Modeling Framework for Simulating River and Stream Water Quality：Documentation and User's Manual*. Civil and Environmental Engineering Department，Tufts University，Medford，MA.

第 2 章　模型基础结构

2.1　河流网络拓扑学

Q2K 模型将河流划分为一系列的河段,每个分段都有恒定的水力学特征(如坡度、底宽等)。河流序号从主干河流源头开始往下游升序编号,点源和非点源的入汇和出流可以是沿河道和任意位置,如图 2.1 所示。

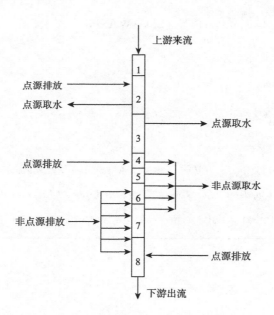

图 2.1　Q2K 模型无支流河流的分段结构

对于水系包含支流的情况(图 2.2),也是以主干河流源头为起点从 1 开始顺序编号,当到达支流的时候,应从支流源头开始继续编号。可以观察到,从干流源头开始,所有支流从源头到干流汇合口都是连续的升序编号,从而概化为一系列的河段。要特别注意的是,在该系统中主要分支(即干流和各个支流)被称为段。QUAL2K 软件以段为基础进行模型的输出,软件会将支流和主干河流一样进行独立分析和输出。

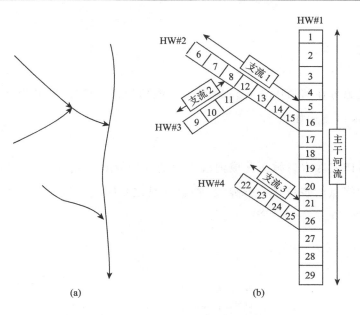

图 2.2　(a)带支流的河流；(b)Q2K 模型带支流河流的分段结构

任意河段都可以被进一步划分为一系列的等间隔单元。如图 2.3 所示,仅需在软件中指定需要分割的单元数目。

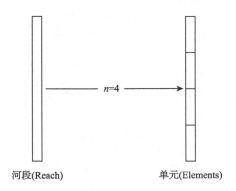

河段(Reach)　　　　　　　　　　单元(Elements)

图 2.3　如果需要,任意河段都可以被进一步划分为一系列的等长单元

Q2K 模型中用来描述河流拓扑结构的主要术语如下:

①河段(Reach):具有恒定水力特征的一段河流;

②单元(Element):模型的基本计算单元,是对河段的进一步划分,同一河段的每个单元必须是等长的;

③段(Segment):一系列河段(Reach)组成的一条水系分支,即主干河流或任一条支流;

④河源头(Headwater):模型中模拟段(Segment)的上边界。

2.2   流域污染源

点源和非点源可在河道中任意位置汇入或流出河段。Q2K 模型中河段沿程点源和非点源排污口/取水口概化如图 2.4 所示。

（1）非点源

非点源排污口或取水口被概化成河段沿程的线排放源或线取水口。模型以各非点源影响河段起始点和终点的点位作为分界线，将非点源在此区域内按距离平均分配至各单元进行水质计算（图 2.5）。

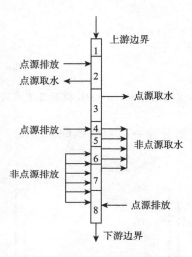

图 2.4   河段沿程点源和非点源排污口/取水口概化

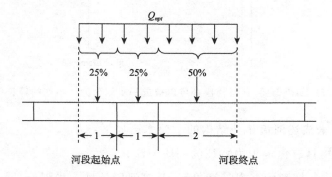

图 2.5   非点源入汇到单元的分配方式

（2）点源

点源按其实际位置确定其具体所属的河段，也可将相邻的若干个点源排污口或取水口简化成一个集中的排污口或取水口，合并后的排污口与所在河段上游断面的距离，可由下式计算：

$$L = \frac{\sum_{i=1}^{n} Q_i C_i L_i}{\sum_{i=1}^{n} Q_i C_i}$$

（2.1）

式（2.1）中，L 为概化的排污口与河段上游控制断面的距离（km）；Q_i 为第 i 个排污口的水量（m³/s）；C_i 为第 i 个排污口的污染物浓度（mg/L）；L_i 为第 i 个排污口与河段上游控制断面的距离（km）。

第3章 模型数学方法

3.1 水力学模型

3.1.1 流量平衡

如同第 2 章所述,Q2K 的基本单位为单元,各单元均满足稳态条件下的流量平衡方程(图 3.1):

$$Q_i = Q_{i-1} + Q_{in,i} - Q_{out,i} \tag{3.1}$$

式(3.1)中,Q_i 是单元 i 到单元 $i+1$ 的出流流量($\mathrm{m^3/d}$);Q_{i-1} 是单元 $i-1$ 到单元 i 的入流流量($\mathrm{m^3/d}$);$Q_{in,i}$ 指点源和非点源直接汇入单元 i 的总流量($\mathrm{m^3/d}$);$Q_{out,i}$ 指单元 i 的点源和非点源直接流出的总流量($\mathrm{m^3/d}$)。

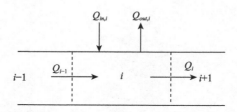

图 3.1 单元流量平衡示意

点源和非点源的总输入流量可按下式计算:

$$Q_{in,i} = \sum_{j=1}^{ps,i} Q_{ps,i,j} + \sum_{j=1}^{nps,i} Q_{nps,i,j} \tag{3.2}$$

式(3.2)中,$Q_{ps,i,j}$ 指单元 i 的第 j 个点源的入流流量($\mathrm{m^3/d}$);ps,i 指单元 i 的入流点源个数;$Q_{nps,i,j}$ 指单元 i 的第 j 个非点源入流流量($\mathrm{m^3/d}$);nps,i 指单元 i 的入流非点源个数。

点源和非点源的总输出流量可按下式计算:

$$Q_{out,i} = \sum_{j=1}^{pai} Q_{pa,i,j} + \sum_{j=1}^{npai} Q_{npa,i,j} \tag{3.3}$$

式(3.3)中，$Q_{pa,i,j}$ 指单元 i 的第 j 个点源的出流流量(m^3/d)；pa,i 指单元 i 的出流点源个数；$Q_{npa,i,j}$ 指单元 i 的第 j 个非点源出流流量(m^3/d)；npa,i 指单元 i 的出流非点源个数。

　　如第 2 章所述，Q2K 对于非点源的入流和出流以线性源的方式进行模拟，对于点源按其实际位置确定其具体所属的单元，也可将相邻的若干个点源排污口或取水口简化成一个集中的排污口或取水口。

3.1.2　水力特征

　　Q2K 模型在计算某个单元的水力学特征值(输出流量、水深和流速)时提供了三种方式供选择：溢流堰、水位—流量关系曲线和曼宁方程。

　　模型程序基于以下规则确定具体方法：

　　①如果输入溢流堰的高度和宽度，则溢流堰选项将启动；

　　②如果溢流堰的高度和宽度均为零值，但输入了水位流量关系曲线系数(a 和 α)，则水位流量关系曲线选项将启动；

　　③如果上述条件均未输入，Q2K 模型将使用曼宁方程进行计算。

　　(1)溢流堰

　　Q2K 模型中的溢流堰如图 3.2 所示。注意溢流堰只能出现在河段末段某个单元。图 3.2 中各符号意义如下：H_i 为溢流堰上游单元水深(m)，H_{i+1} 为溢流堰下游单元水深(m)，$elev2_i$ 为溢流堰上游单元末端海拔高程(m)，$elev1_{i+1}$ 为溢流堰下游单元前端海拔高程，H_w 为溢流堰高出 $elev2_i$ 的高度(m)，H_d 为溢流堰前后 i 和 $i+1$ 两个单元的水面落差(m)，H_h 为溢流堰上端至上游单元水面的水头(m)，B_w 为溢流堰的宽度(m)。注意溢流堰宽度可能与单元宽度 B_i 不同。

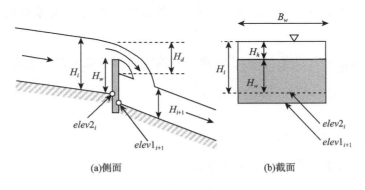

(a)侧面　　　　　　　(b)截面

图 3.2　两河段之间的一个锐缘溢流堰

　　对于锐缘溢流堰，有 $H_h/H_w < 0.4$，此时流量可通过水头计算：

$$Q_i = 1.83 B_w H_h^{3/2} \tag{3.4}$$

式(3.4)中,Q_i 是溢流堰上游河段的输出流量,单位为 $\mathrm{m^3/s}$;B_w 和 H_h 单位为 m。

方程(3.4)可进一步写成:

$$H_h = \left(\frac{Q_i}{1.83 B_w}\right)^{2/3} \tag{3.5}$$

方程(3.5)的结果可用于计算单元 i 的深度:

$$H_i = H_w + H_h \tag{} $$

进而可以计算落差:

$$H_d = elev2_i + H_i - elev1_{i+1} - H_{i+1} \tag{3.6}$$

注意,落差公式将用于计算由于溢流堰影响下河段水体氧气及二氧化碳传输。

单元 i 的过流面积、流速、水面面积、容积等可分别按下式计算:

$$A_{c,i} = B_i H_i \tag{3.7}$$

$$U_i = \frac{Q_i}{A_{c,i}} \tag{3.8}$$

$$A_{s,i} = B_i \Delta x_i \tag{3.9}$$

$$V_i = B_i H_i \Delta x_i \tag{3.10}$$

式(3.7)~(3.10)中,B_i 为 i 单元的宽度,Δx_i 为 i 单元的长度。对于有溢流堰的河段,必须输入河段宽度。宽度值可在"Reach Worksheet(河段工作表)"的 Bottom Width 中输入。

(2)水位—流量关系曲线

河段单元中流速与流量的关系、水深与流量的关系可用幂指数方程(Leopold-Maddox 关系)进行描述:

$$U = aQ^b \tag{3.11}$$

$$H = \alpha Q^\beta \tag{3.12}$$

式(3.11),(3.12)中,a, b, α 和 β 是经验系数,分别通过流速-流量关系曲线、水位-流量关系曲线确定。

依据流速和水深计算结果,可由下式进一步确定断面横截面积和宽度:

$$A_c = \frac{Q}{U} \tag{3.13}$$

$$B = \frac{A_c}{H} \tag{3.14}$$

进而可以计算出单元的水面面积和水体体积:

$$A_s = B \Delta x \tag{3.15}$$

$$V = BH \Delta x \tag{3.16}$$

指数 b 和 β 典型经验取值如表 3.1 所示。注意 b 和 β 之和必须小于或等于 1,否则,随着流量增加河宽将减小。若河道断面为矩形,则 b 和 β 之和等于 1。

表 3.1　水位—流量关系曲线经验系数典型取值

方程	指数	典型取值	范围
$U = aQ^b$	b	0.43	0.4~0.6
$H = \alpha Q^\beta$	β	0.45	0.3~0.5

注：本表数据来源于文献 Barnwell 等，1989。

　　在某些情况下，可能需要设定不随流量而变化的常数宽度和流速值，此时只需设定 b 和 β 均为零值，设定 a 为需要的流速值，α 为需要的深度值。

　　（3）曼宁方程

　　河段中的各单元均能理想化为一个梯形河道（图 3.3）。稳流条件下，可采用曼宁方程描述河段流量和水深之间的关系：

$$Q = \frac{S_0^{1/2}}{n} \frac{A_c^{5/3}}{P^{2/3}} \tag{3.17}$$

式（3.17）中，Q 为流量（$\mathrm{m^3/s}$）[①]；S_0 为河床坡度（m/m）；n 为曼宁糙率系数；A_c 为断面面积（$\mathrm{m^2}$）；P 为湿周（m）。

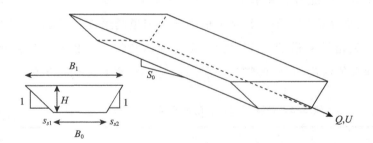

图 3.3　典型梯形河段示意

　　梯形河道的过流截面积计算方式如下：

$$A_c = [B_0 + 0.5(s_{s1} + s_{s2})H]H \tag{3.18}$$

式（3.18）中，B_0 为底宽（m）；s_{s1} 和 s_{s2} 分别为两侧的边坡系数（m/m），如图 3.3 所示；H 为单元水深（m）。

　　湿周计算公式如下：

$$P = B_0 + H\sqrt{s_{s1}^2 + 1} + H\sqrt{s_{s2}^2 + 1} \tag{3.19}$$

　　将方程（3.18）和方程（3.19）代入方程（3.17），可得水深的解：

$$H_k = \frac{(Qn)^{3/5}\left(B_0 + H_{k-1}\sqrt{s_{s1}^2+1} + H_{k-1}\sqrt{s_{s2}^2+1}\right)^{2/5}}{S^{3/10}[B_0 + 0.5(s_{s1}+s_{s2})H_{k-1}]} \tag{3.20}$$

---

　　① 注意本公式及其他水动力公式中的时间单位均为秒（s）。Q2K 模型中水动力学计算也按此进行。

式(3.20)中,$k=1,2,\cdots,n,n$ 为迭代次数。初次迭代条件,设定 $H_0=0$,当估计误差值低于 0.001% 时,迭代将被终止。估计误差的计算公式为:

$$\varepsilon_a = \left| \frac{H_{k+1} - H_k}{H_{k+1}} \right| \times 100\% \tag{3.21}$$

由方程(3.18)得到过流面积之后,河段流速可以通过下式计算:

$$U = \frac{Q}{A_c} \tag{3.22}$$

单元的平均宽度 B(m),可以通过下式计算:

$$B = \frac{A_c}{H} \tag{3.23}$$

单元截面的顶部宽度 B_1(m),可以通过下式计算:

$$B_1 = B_0 + (s_{s1} + s_{s2})H \tag{3.24}$$

单元水面面积和单元体积,可以分别通过下两式计算:

$$A_s = B_1 \Delta x \tag{3.25}$$

$$V = BH \Delta x \tag{3.26}$$

　　糙率系数 n 值一般随流量和水深变化(Gordon 等,1992)。通常来说,随着流量降低,水深减小,糙率系数将会增加。曼宁糙率 n 值表征了河道的平滩过流能力,典型取值范围在光滑渠道的 0.015 到粗糙河道的 0.15 之间(Rosgen,1996)。评价水质所用的水深的临界条件通常达不到满水位深度,相应的糙率也较高。曼宁糙率系数的建议值列于表 3.2。

表 3.2　各种不同材料的明渠渠道曼宁糙率系数取值

类型	材料	曼宁糙率系数 n 值
人工渠道	混凝土	0.012
	砾石铺底,两侧有边坡:	
	混凝土	0.020
	砂浆砌石	0.023
	抛石筑基	0.033
天然河道	清洁,平直	0.025~0.04
	清洁,微弯,略有杂草	0.03~0.05
	长满杂草,密布池塘,蜿蜒曲折	0.05
	山区河道,乱石密布	0.04~0.10
	树林,灌木密布	0.05~0.20

注:本表数据来源于参考文献 Chow 等,1988。

（4）瀑布、跌水

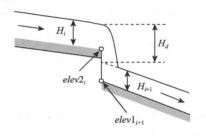

图 3.4 　两个河段边界处的
一处瀑布示意

溢流堰对于计算增强复氧具有重要意义。除此之外，水位落差还可能以瀑布的形式出现，如图 3.4 所示。注意瀑布、跌水只能发生在河段的末端。

QUAL2K 可以计算以上两个河段的边界发生水位高程陡降的情况。方程（3.6）给出了计算跌水的方程。应该注意的是，落差计算必须满足上游单元的末端高程大于下游单元的首端高程的条件，即 $elev2_i > elev1_{i+1}$。

3.1.3　流程时间

各单元的流程时间按下式计算：

$$\tau_k = \frac{V_k}{Q_k} \tag{3.27}$$

式（3.27）中，τ_k 为第 k 个单元的行程时间（d）；V_k 为是第 k 个单元的体积（m³）；$V_k = A_{c,k} x_k$；$A_{c,k}$ 为第 k 个单元的断面面积（m²）；x_k 为第 k 个单元的长度（m）。

对各单元流程时间累加可能得到水体流经一个河段所用的时间（包括主干和某一条支流）。例如，从源头到第 j 个单元末端的流经时间可用下式计算：

$$t_{i,j} = \sum_{k=1}^{j} \tau_k \tag{3.28}$$

式（3.28）中，$t_{i,j}$ 为从源头到第 j 个单元末端的流程时间（d）。

3.1.4　纵向弥散

在两个控制单元之间的边界，可采用以下两个选项来确定纵向弥散：①用户可在"Reach Worksheet（河段工作表）"中输入估算值；②如果不输入估算值，则程序会基于河道的水力学特征自动计算弥散值，计算公式如下：

$$E_{p,i} = 0.011 \frac{U_i^2 B_i^2}{H_i U_i^*} \tag{3.29}$$

式（3.29）中，$E_{p,i}$ 为单元 i 和 $i+1$ 之间的纵向弥散系数（m²/s）；U_i 为流速（m/s）；B_i 为河宽（m）；H_i 为平均水深（m）；U_i^* 为剪切速度（m/s），可用下式计算：

$$U_i^* = \sqrt{gH_iS_i} \tag{3.30}$$

式（3.30）中，g 为重力加速度（9.81 m/s²）；S_i 为河道坡度。

计算或定义纵向弥散系数 $E_{p,i}$ 之后，数值弥散可通过下式计算：

$$E_{n,i} = \frac{U_i \Delta x_i}{2} \tag{3.31}$$

模型弥散系数 E_i（即模型计算中所用的值）可用下式计算：

- 如果 $E_{n,i} \leqslant E_{p,i}$，则 $E_i = E_{p,i} - E_{n,i}$。
- 如果 $E_{n,i} > E_{p,i}$，则 $E_i = 0$。

在后者的情况下，数值计算弥散值将大于物理弥散值。因此，弥散混合将高于实际情况。应该注意的是，对于大多数稳态河流，这种在浓度梯度上高估的影响可以忽略不计。如果差异显著，唯一的选择是让控制单元长度变短，使得数值弥散小于物理弥散。

3.2　温度模型

热平衡主要考虑来自于邻近单元、大气和沉积物的热量输移，如图 3.5 所示。单元 i 的热平衡方程，如下式：

$$\frac{dT_i}{dt} = \frac{Q_{i-1}}{V_i}T_{i-1} - \frac{Q_i}{V_i}T_i - \frac{Q_{out,i}}{V_i}T_i + \frac{E'_{i-1}}{V_i}(T_{i-1} - T_i) + \frac{E'_i}{V_i}(T_{i+1} - T_i) +$$

$$\frac{W_{h,i}}{\rho_w C_{pw} V_i}\left(\frac{\mathrm{m}^3}{10^6 \ \mathrm{cm}^3}\right) + \frac{J_{a,i}}{\rho_w C_{pw} H_i}\left(\frac{\mathrm{m}}{100 \ \mathrm{cm}}\right) + \frac{J_{s,i}}{\rho_w C_{pw} H_i}\left(\frac{\mathrm{m}}{100 \ \mathrm{cm}}\right) \tag{3.32}$$

式（3.32）中，T_i 为单元 i 的温度（℃）；t 为时间（d）；V_i 为单元 i 的体积（cm³）；E'_i 为 i 与 $i+1$ 单元间的总体热量弥散系数（m³/d）；$W_{h,i}$ 为在单元 i 来自于点源和非点源的净热负荷（cal/d）；ρ_w 为水的密度（g/cm³）；C_{pw} 为水的比热容系数[cal/(g·℃)]；$J_{a,i}$ 为空气—水热通量 [cal/(cm²·d)]；$J_{s,i}$ 为沉积物-水间热通量[cal/(cm²·d)]。

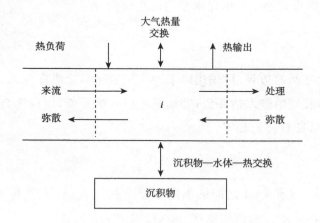

图 3.5　河段单元的热平衡过程示意

i 与 $i+1$ 单元间的总体热量弥散系数，计算公式为：

$$E'_i = \frac{E_i A_{c,i}}{(\Delta x_i + \Delta x_{i+1})/2} \tag{3.33}$$

注意，在河流下游终点处，Q2K 模型可以使用两种类型的边界条件：

①零弥散条件,即自然边界条件;

②规定下游边界条件,即第一类边界条件。

两种类型的边界条件可在"Downstream Worksheet(下游边界工作表)"中进行设置。

污染源的净热负荷,计算公式为:

$$W_{h,i} = \rho C_p \Big[\sum_{j=1}^{ps,i} Q_{ps,i,j} T_{ps,i,j} + \sum_{j=1}^{nps,i} Q_{nps,i,j} T_{nps,i,j} \Big] \tag{3.34}$$

式(3.34)中,$T_{ps,i,j}$ 为 i 单元中第 j 个点源的温度(℃);$T_{nps,i,j}$ 为 i 单元中第 j 个非点源的温度(℃)。

3.2.1　表面热通量

水体表面热交换包括太阳短波辐射、大气长波辐射、水面长波辐射、热传导与热对流、蒸发和冷凝等五个主要过程,如图 3.6 所示。

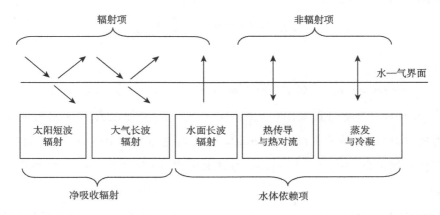

图 3.6　表面热传导的组成

水体表面热交换计算公式为:

$$J_h = I(0) + J_{an} - J_{br} - J_c - J_e \tag{3.35}$$

式(3.35)中,$I(0)$ 为水面净太阳短波辐射[cal/(cm^2・d)];J_{an} 为净大气长波辐射[cal/(cm^2・d)];J_{br} 为来自水面的长波逆辐射[cal/(cm^2・d)];J_c 为热传导[cal/(cm^2・d)];J_e 为水面蒸发[cal/(cm^2・d)]。

(1)太阳辐射

Q2K 模型计算在地球表面详细的经度(L_{lm})和纬度(L_{at})处进入水体的太阳辐射量。该量是一个在地球大气层上方的辐射量的函数,函数考虑了由于大气传输、云层覆盖、反射和遮挡等的辐射衰减量。

$$I(0) = I_0 \times a_t \times a_c \times (1 - R_s) \times (1 - S_f) \tag{3.36}$$

式(3.36)中,$I(0)$ 为水面净太阳短波辐射[cal/(cm^2·d)];I_0 为大气层外太阳辐射[cal/(cm^2·d)];a_t 为大气衰减系数;a_c 为云层衰减系数;R_s 为反射率;S_f 为(由于植被或地形的遮挡)有效遮阴度。

①大气层外太阳辐射

大气层外太阳辐射计算公式如下(TVA,1972):

$$I_0 = \frac{W_0}{r^2}\sin\alpha \tag{3.37}$$

式(3.37)中,W_0 为太阳辐射常数[1367 W/m^2 或 2823 cal/(cm^2·d)];r 为归一化的地-日轨道半径;α 为太阳高度(rad),可用下式计算:

$$\sin\alpha = \sin\delta\sin L_{at} + \cos\delta\cos L_{at}\cos\tau \tag{3.38}$$

式(3.38)中,δ 为太阳赤纬(rad);L_{at} 为当地纬度(rad);τ 为当地太阳时角(rad)。

当地太阳时角计算公式如下:

$$\tau = \left(\frac{truesolartime}{4} - 180\right)\frac{\pi}{180} \tag{3.39}$$

式(3.39)中,

$$truesolartime = localtime + eqtime - 4 \times L_{at} - 60 \times timezone \tag{3.40}$$

式(3.40)中,$truesolartime$ 为真太阳时(由天空中太阳的实际位置的太阳时所决定,min);$localtime$ 为地方时(即本地的标准时间,min),L_{at} 为当地纬度(rad);$timezone$ 为时区(本地相对于格林尼治标准时间的时区,h);$eqtime$ 为真太阳时差(代表真太阳时与平均太阳时之间的差别,min)。

Q2K 模型中所使用的太阳赤纬、时角、太阳高度和归一化半径,以及日出日落时间等,均利用美国国家海洋和大气管理局表面辐射研究中心(NOAA's Surface Radiation Research Branch)研发提供的 Meeus 算法计算得出。此外,针对 Q2K 模型中的太阳方位计算,该方法还包括一个对大气折射效果的校正。

日出/日落和太阳位置函数由美国国家海洋和大气管理局日出/日落和太阳位置计算器的 VBA 程序版本,详情请查看以下网址:

- http://www.srrb.noaa.gov/highlights/sunrise/sunrise.html
- http://www.srrb.noaa.gov/highlights/sunrise/azel.html

美国国家海洋和大气管理局日出/日落和太阳位置的计算基于 Jean Meeus 的天文方程算法,该方程在南北纬72°间计算结果精度在 1 min 以内,超出此纬度范围精度在10 min 以内。包含了以下 Excle 工作表或者 VBA 程序:

- 日出（纬度、经度、年、月、日、时区、夏令时）计算日出和日落的当地时间和日期
- 正午（纬度、经度、年、月、日、时区、夏令时）计算正午太阳的位置和日期（太阳穿过子午线的时候）
- 日落（纬度、经度、年、月、日、时区、夏令时）计算日落的时间、地点和日期
- 太阳方位角（纬度、经度、年、月、日、小时、分、秒、时区、夏令时）计算太阳方位角的位置、日期和时间
- 太阳高度（纬度、经度、年、月、日、小时、分、秒、时区、夏令时）计算太阳仰角位置、日期和时间（从水平线到太阳垂直的倾度）
  此外，还提供了一个子程序计算太阳能方位（az）和太阳高度（el）：
- 太阳位置（纬度、经度、年、月、日、小时、分、秒、时区、夏令时、方位、高度、地球半径）
  主要功能和子程序：
- 北半球十进制的正纬度
- 西半球的负经度
- 西半球的负时区时间

光照周期 $f(h)$ 计算公式如下：

$$f = t_{ss} - t_{sr} \tag{3.41}$$

式（3.41）中，f 为光照周期（h）；t_{ss} 为日落时间（h）；t_{sr} 为日出时间（h）。

②大气衰减系数

Q2K 模型在当前众多的估计晴天大气衰减系数（a_t）的方法中，选择 Bras 模型和 Ryan-Stolzenbach 模型两种方法用于模型计算。注意太阳辐射模型可在 QUAL2K 模型的"Light and Heat Worksheet"（光照和热量工作表）中选择设置。

a. Bras 模型（默认方法）

Bras 模型的计算公式为：

$$a_t = e^{-n_{fac} a_1 m} \tag{3.42}$$

式（3.42）中，n_{fac} 为大气浑浊度系数。大气浑浊度取值范围在晴朗天空的 2 到烟雾弥漫的城市地区的 4 或 5 之间。大气分子辐射传输的散射系数（a_1）计算公式为：

$$a_1 = 0.128 - 0.054 \log_{10} m \tag{3.43}$$

式（3.43）中，m 为光学空气质量，计算公式为：

$$m = \frac{1}{\sin \alpha + 0.15(\alpha_d + 3.885)^{-1.253}} \tag{3.44}$$

式（3.44）中，α_d 为从地平线起算的太阳的高度（rad）$= \alpha \times (180°/\pi)$。

b. Ryan-Stolzenbach 模型

Ryan-Stolzenbach 模型方法通过海拔高度和太阳高度角计算大气衰减系数 a_t,计算公式为:

$$a_t = a_{tc}{}^m \left(\frac{288-0.0065elev}{288}\right)^{5.256} \tag{3.45}$$

式(3.45)中,a_{tc} 为大气透射系数(取值范围 0.70~0.91,一般为 0.8),$elev$ 为海拔高度(m)。

在一些地方可以实现太阳辐射的直接测量。例如,NOAA 综合表面辐照度研究项目(ISIS)拥有来自美国各个监测站点的数据(http://www.atdd.noaa.gov/isis.htm)。具体模型中两种太阳辐射计算的方法选择和针对特殊应用选择适合的大气浊度系数或大气投射系数,应基于不同应用地区的太阳辐射预测值与实际测量值对比来确定。

③云层衰减系数

由于云层的覆盖造成太阳辐射的衰减,计算公式为:

$$a_c = 1 - 0.65C_L^2 \tag{3.46}$$

式(3.46)中,C_L 为云盖度。

④反射率

反射率计算公式为:

$$R_s = A \times \alpha_d^B \tag{3.47}$$

式(3.47)中,A 和 B 为与云盖度相关的系数,具体取值见表 3.3。

表 3.3　基于云量的反射率计算系数

云量	晴空		有云		多云		阴天	
C_L	0~0.1		0.1~0.5		0.5~0.9		0.9~1.0	
系数	A	B	A	B	A	B	A	B
	1.18	−0.77	2.20	−0.97	0.95	−0.75	0.35	−0.45

⑤遮阴度

遮阴度是 QUAL2K 模型的一个输入变量。遮阴度被定义为因地形和植被被遮挡的潜在太阳辐射比例。华盛顿州生态学部门(Washington Department of Ecology)提供了一个名为"Shade.xls"的 Excel/VBA 程序评估地势和河边植物有效遮阴度。各河段逐小时有效遮阴度可在 QUAL2K 模型的"Shade Worksheet"(遮阴度工作表)中输入。

(2)大气长波辐射

大气长波辐射的向下通量是表面热平衡方程中的最主要组成部分。此通量可以通过斯忒藩—玻耳兹曼定律(Stefan-Boltzmann Law)计算:

$$J_{an} = \sigma(T_{air}+273)^4 \varepsilon_{sky}(1-R_L) \tag{3.48}$$

式(3.48)中，σ 为斯忒藩—玻耳兹曼常数，11.7×10^{-8} cal/(cm$^2 \cdot$ d $\cdot$ K^4)；T_{air} 为空气温度(℃)；ε_{sky} 为大气有效辐射系数；R_L 为长波反射率。辐射系数定义为在相同温度下，某物体的长波辐射与一个完美的发射体的辐射的比值。反射率通常小于或等于 0.03。

可在 QUAL2K 模型中的"Light and Heat Worksheet(光照和热量工作表)"中选择大气长波辐射计算方法。模型提供了三种方法来确定有效辐射系数(ε_{sky})。

①Brunt 法(默认方法)

Brunt 法是一种经验方法，在水质模型中被广泛使用(Thomann 等，1987)：

$$\varepsilon_{clear} = A_a + A_b \sqrt{e_{air}} \tag{3.49}$$

式(3.49)中，ε_{clear} 为晴空辐射系数；e_{air} 为大气水汽分压(mmHg)；A_a 和 A_b 是经验系数，一般来说 A_a 取值在 0.5~0.7 mmHg$^{-0.5}$[①]，A_b 取值在 0.031~0.076 mmHg$^{-0.5}$。在 QUAL2K 模型中，若在"Light and Heat Worksheet(光照和热量工作表)"中选择了 Brunt 方法，则 A_a 默认取值 0.6 mmHg$^{-0.5}$；A_b 默认取值 0.031 mmHg$^{-0.5}$。

②Brutsaert 法

Brutsaert 方程是基于物理原理得出的，不同于上述经验公式。其对于年平均气温 0℃ 以上条件的中纬地区的不同空气温度和湿度条件，能够得到了令人满意的辐射系数结果(Brutsaert，1982)，计算公式为：

$$\varepsilon_{clear} = 1.24 \left(\frac{1.333224 e_{air}}{T_a} \right)^{1/7} \tag{3.50}$$

式(3.50)中，e_{air} 为大气水汽分压(mmHg)；T_a 为空气温度(K)；常数 1.333224 可将水汽压的单位从 mmHg 换算成 mbar[②]。大气水汽分压(mmHg)计算公式如下：

$$e_{air} = 4.596 e^{\frac{17.27 T_d}{237.3 + T_d}} \tag{3.51}$$

式(3.51)中，T_d 为露点温度(℃)。

③Koberg 法

Koberg 认为 Brunt 公式中 A_a 取决于空气温度和入射太阳辐射与净空辐射的比值(R_x)。图 3.7 给出了一系列的曲线以表明 A_a 随着 T_{air} 的增加而增加，随着 R_x 的增加而减小，而 A_b 基本维持在 0.0263 mbar$^{-0.5}$(约 0.031 mmHg$^{-0.5}$)左右。

Q2K 模型中采用如下的多项式以提供一个 Koberg 的近似曲线：

$$A_a = a_k T_{air}^2 + b_k T_{air} + c_k \tag{3.52}$$

式(3.52)中：

①　1 mmHg＝1.33322×10^2 Pa，下同。

②　1 mbar＝10^2 Pa，下同。

$$a_k = -0.00076437R_{sc}^3 + 0.00121134R_{sc}^2 - 0.00073087R_{sc} + 0.00011060 \quad (3.53)$$

$$b_k = 0.12796842R_{sc}^3 - 0.22044550R_{sc}^2 + 0.13397992R_{sc} - 0.02586655 \quad (3.54)$$

$$c_k = -3.25272249R_{sc}^3 + 5.65909609R_{sc}^2 - 3.43402413R_{sc} + 1.43052757 \quad (3.55)$$

图 3.7 中,多项式的计算结果以散点形式表示,并与 Koberg 曲线进行了对比。注意 A_a 上限值定为 0.735。

在多云条件下,大气辐射可由于大气水蒸气含量的增加而增加。高层卷云对大气辐射的影响几乎可以忽略,但低云层和积云对大气辐射有很大影响。Koberg 法解释了在确定 A_a 系数过程中,云量对于长波辐射系数的作用。Brunt 法和 Brutsaert 法确定了晴空辐射系数,但没有解释云的作用效果。因此,若选择 Brunt 法或 Brutsaert 法,则多云情况下的有效大气辐射系数(ε_{sky})通过一个云盖度(C_L)的非线性函数修正晴空辐射系数来确定,公式为:

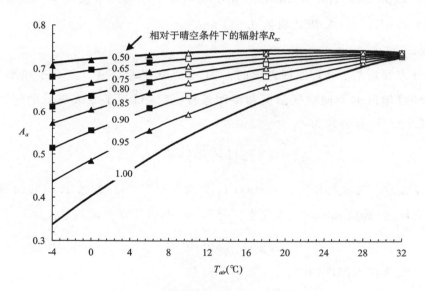

图 3.7　Koberg 曲线和 A_a 计算结果对比

$$\varepsilon_{sky} = \varepsilon_{clear}(1 + 0.17C_L^2) \quad (3.56)$$

具体应用中,大气长波辐射模型最好能依据参考点位的长波辐射的预测值和测量值的结果对比选择确定,但通常直接测量数据难以获取。Q2K 模型建议使用者选择 Brutsaert 法,以对不同的气象条件更好地适应。

（3）水面长波辐射

来自水面的长波辐射可用斯忒藩-玻耳兹曼定律（Stefan-Boltzmann Law）表示:

$$J_{br} = \varepsilon\sigma(T + 273)^4 \quad (3.57)$$

式(3.57)中,ε 为水的辐射系数(0.97);T 为水的温度(℃)。

（4）热传导和热对流

热传导是当不同温度的物体相互接触时，来自分子与分子的热量的转移。热对流是由于流体物质大量运动导致的热量转移。热传导和热对流发生在水面和空气的交接面。计算公式为：

$$J_c = c_1 f(U_w)(T_s - T_{air}) \tag{3.58}$$

式（3.58）中，c_1 为 Bowen 系数（0.47 mmHg/℃）；函数项 $f(U_w)$ 为水面上方风速转移强度，其中 U_w 为水面上方一定高度的风速测量值（m/s）；T_s 为水面温度（℃）；T_{air} 为空气温度（℃）。

QUAL2K 模型的"Light and Heat Worksheet（光照和热量工作表）"中提供了 3 种计算 $f(U_w)$ 的方法：

①Brady-Graves-Geyer 法（默认方法）

$$f(U_w) = 19.0 + 0.95 U_w^2 \tag{3.59}$$

式（3.59）中，U_w 为水面以上 7 m 处的风速（m/s）。

②Adams 1 法

Adams 等（1987）在 Ryan（1971）和 Helfrich（1982）等人的工作成果基础上，提出了针对受热水体的风速经验模型，以解释当水—气之间虚温差值（$\Delta\theta_v$）大于 0 时，对流气流增强的现象。Adams 等人提出的两种风函数（被称为 East Mesa 方法）在 Q2K 模型中得以应用。其中，风速为离地 2 m 处的风速值。

该方法使用一个经验函数来估计由于水-气之间虚温差造成的对流气流效应，使用 Harbeck（1962）方程以表示高虚水温引起的对流气流影响外的热传导/热对流和蒸发的贡献值。

$$f(U_w) = 0.271 \sqrt{(22.4\Delta\theta_v^{1/3})^2 + (24.2 A_{acres,i}^{-0.05} U_{w,mph})^2} \tag{3.60}$$

式（3.60）中，$\Delta\theta_v$ 为水—气之间的虚温差值（°F[①]）；$U_{w,mph}$ 为风速（mile/h[②]）；$A_{acres,i}$ 为单元 i 的水面表面积（acre[③]）。常数项 0.271 用以将原单位 BTU/（ft²[④] · d · mmHg）转换成 cal/（cm² · d · mmHg）。

③Adams 2 法

方法基于 Marciano 和 Harbeck（1952）成果，使用一个虚温差的经验函数用以估计非因高虚水温导致的热传导/热对流和蒸发的贡献值：

---

①　°F 为华氏温度的单位，$\dfrac{t_F}{°F} = \dfrac{9}{5}\dfrac{t}{℃} + 32$，下同。

②　mile/h 为美制速度单位，英里每小时，1 mile/h = 0.44704 m/s，下同。

③　acre 为美制面积单位，英亩，1 acre = 4046.873 m²，下同。

④　ft² 为美制面积单位，平方英尺，1 ft² = 0.09290304 m²，下同。

$$f(U_w) = 0.271 \sqrt{(22.4\Delta\theta_v^{1/3})^2 + (17U_{w,mph})^2} \tag{3.61}$$

虚拟温度是一种假设的空气温度,指在气压不变的情况下,使干空气密度等于湿空气密度时,干空气所具有的温度。水—气之间虚温差(°F)主要是由于在受热水体表面上方漂浮的湿空气。计算公式为:

$$\Delta\theta_v = \left(\frac{T_{w,f}+460}{1+0.378e_s/p_{atm}} - 460\right) - \left(\frac{T_{air,f}+460}{1+0.378e_{air}/p_{atm}} - 460\right) \tag{3.62}$$

式(3.62)中,$T_{w,f}$ 为水体温度(°F);$T_{air,f}$ 为空气温度(°F);e_s 为水体蒸汽压(mmHg),e_{air} 为大气蒸汽压(mmHg);p_{atm} 为大气压(760 mmHg)。

风速的测量高度是估算热传导、对流和蒸发时重要的考虑因素。QUAL2K 模型可自动将风速转换到合适的高度以与在"Light and Heat Worksheet(光照和热量工作表)"选择的风速函数相对应。QUAL2K 模型的"Wind Speed Worksheet(风速工作表)"中,风速的输入值被假定为水面以上 7 m 处的风速值。对于任意高度(z_w)处测量的风速值($U_{w,z}$),可以通过以下指数方程转换到 $z = 7$ m 处的风速值,以输入到"Wind Speed Worksheet(风速工作表)"中:

$$U_w = U_{uz} \left(\frac{z}{z_w}\right)^{0.15} \tag{3.63}$$

(5)蒸发和冷凝

采用道尔顿定律(Dalton's Law)来表示蒸发引起的热量损失,计算公式为:

$$J_e = f(U_w)(e_s - e_{air}) \tag{3.64}$$

式(3.64)中,e_s 为水面处的饱和蒸汽压(mmHg),e_{air} 为大气蒸汽压(mmHg)。饱和蒸汽压的计算公式为:

$$e_s = 4.596 e^{\frac{17.27 T}{237.3+T}} \tag{3.65}$$

3.2.2　沉积物-水的热传递

单元 i 水体底部的沉积物热平衡方程可定义为:

$$\frac{dT_{s,i}}{dt} = -\frac{J_{s,i}}{\rho_s C_{ps} H_{sed,i}} \tag{3.66}$$

式(3.66)中,$T_{s,i}$ 为单元 i 的底部沉积物的温度(℃);$J_{s,i}$ 为沉积物与水之间的热通量[cal/(cm² · d)];ρ_s 为沉积物的密度(g/cm³);C_{ps} 为沉积物的比热[cal/(g · ℃)];$H_{sed,i}$ 为沉积物层的有效厚度(cm)。

沉积物与水之间热通量的计算公式[①]:

---

① 转换包括 d=86400 s,因为热通量均用每日平均值表示。

$$J_{s,i} = \rho_s C_{ps} \frac{\alpha_s}{H_{sed,i}/2}(T_{s,i} - T_i) \times \frac{86400 \text{ s}}{\text{d}} \tag{3.67}$$

式(3.67)中,α_s 为沉积物热量扩散率(cm^2/s);T_i 为单元 i 水体的温度(℃)。

表 3.4 中总结概括了一些自然沉积物及其组成成分的热力学特征。注意,在湖泊的沉积区域发现的软质胶状的沉积物具有多的空隙,其热力学特性与水很相近。此外,一些流速缓慢或有蓄水作用的河流,沉积物热力学性质也是如此。一般河流河底通常为由沙粒、碎石和砾石组成的粗质沉积物,山地河流河底主要由砾石或基岩构成。

表 3.4　自然沉积物及其组分热力学特征

组分构成	导热系数		热扩散率		r	C_p	rC_p	参考文献
	w/(m · ℃)	cal/(s · cm · ℃)	m²/s	cm²/s	g/cm³	cal/(g · ℃)	cal/(cm³ · ℃)	
沉积物样品								
淤泥滩地	1.82	0.0044	4.80×10^{-7}	0.0048	—	—	0.906	(1)
沙	2.50	0.0060	7.90×10^{-7}	0.0079	—	—	0.757	(1)
砂泥	1.80	0.0043	5.10×10^{-7}	0.0051	—	—	0.844	(1)
淤泥	1.70	0.0041	4.50×10^{-7}	0.0045	—	—	0.903	(1)
湿沙	1.67	0.0040	7.00×10^{-7}	0.0070	—	—	0.570	(2)
砂(23%水饱和)	1.82	0.0044	1.26×10^{-6}	0.0126	—	—	0.345	(3)
湿泥炭	0.36	0.0009	1.20×10^{-6}	0.0012	—	—	0.717	(2)
岩石	1.76	0.0042	1.18×10^{-6}	0.0118	—	—	0.357	(4)
壤土(75%水饱和)	1.78	0.0043	6.00×10^{-7}	0.0060	—	—	0.709	(3)
湖,胶状沉积物	0.46	0.0011	2.00×10^{-7}	0.0020	—	—	0.550	(5)
混凝土渠道	1.55	0.0037	8.00×10^{-7}	0.0080	2.200	0.210	0.460	(5)
沉积物样品平均取值	1.57	0.0037	6.45×10^{-7}	0.0064	—	—	0.647	(5)
混合样品								
湖,岸线	0.59	0.0014	—	—	—	—	—	(5)
湖,软质沉积物	—	—	3.25×10^{-7}	0.0033	—	—	—	(5)
湖,砂质	—	—	4.00×10^{-7}	0.0040	—	—	—	(5)
河流,砂质河床	—	—	7.70×10^{-7}	0.0077	—	—	—	(5)
组分物质								
水	0.59	0.0014	1.40×10^{-7}	0.0014	1.000	0.999	1.000	(6)
黏土	1.30	0.0031	9.80×10^{-7}	0.0098	1.490	0.210	0.310	(6)
干土壤	1.09	0.0026	3.70×10^{-7}	0.0037	1.500	0.465	0.700	(6)
砂	0.59	0.0014	4.70×10^{-7}	0.0047	1.520	0.190	0.290	(6)
湿土壤	1.80	0.0043	4.50×10^{-7}	0.0045	1.810	0.525	0.950	(6)
花岗岩	2.89	0.0069	1.27×10^{-6}	0.0127	2.700	0.202	0.540	(6)
组分物质平均取值	1.37	0.0033	6.13×10^{-7}	0.0061	1.670	0.432	0.632	(6)

注:参考文献(1)Andrews and Rodvey(1980);(2)Geiger(1965);(3)Nakshabandi and Kohnke(1965);(4)Chow(1988),Carslaw and Jaeger(1959);(5)Hutchinson(1957),Jobson(1977),Likens and Johnson(1969);(6)Cengel(1998),Grigull and Sandner(1984),Mills(1992),Bejan(1993),Kreith and Bohn(1986)。

由上表可知,含较多粗粒固体物质的河流沉积物的热扩散率系数要高于水体或多孔的湖底沉积物。在 Q2K 模型中,热扩散率系数建议取默认值 $0.005\ \mathrm{cm^2/s}$。

此外,比热将随着密度的减小而减小,因此这两个量的乘积比较单因子也将更为恒定。然而,河流沉积物粗粒固体物质的存在将导致其乘积值小于水体或胶状湖底沉积物的乘积值。在 Q2K 模型中的,一般取默认值 $\rho_s = 1.6\ \mathrm{g/cm^3}$,$C_{ps} = 0.4\ \mathrm{cal/(g \cdot ℃)}$,对应的乘积为 $0.64\ \mathrm{cal/(cm^3 \cdot ℃)}$。沉积物的厚度被默认设置为 10 cm 以计算沉积物对水体昼夜的热量平衡的影响。

3.3　水质模型

3.3.1　污染物变量术语详述

表 3.5 中列举了模型的污染物变量。

表 3.5　模型状态变量

变量	符号	单位*
电导率	s	$\mu\mathrm{mhos/cm}$
无机悬浮颗粒物	m_i	mgD/L
溶解氧	o	$\mathrm{mgO_2/L}$
慢反应碳质生化需氧量	c_s	$\mathrm{mgO_2/L}$
快反应碳质生化需氧量	c_f	$\mathrm{mgO_2/L}$
有机氮	n_o	$\mu\mathrm{gN/L}$
氨氮	n_a	$\mu\mathrm{gN/L}$
硝酸盐氮	n_n	$\mu\mathrm{gN/L}$
有机磷	p_o	$\mu\mathrm{gP/L}$
无机磷	p_i	$\mu\mathrm{gP/L}$
浮游植物浓度	a_p	$\mu\mathrm{gA/L}$
浮游植物内含氮量	IN_p	$\mu\mathrm{gN/L}$
浮游植物内含磷量	IP_p	$\mu\mathrm{gP/L}$
腐殖质	m_o	mgD/L
病原体	X	cfu/100 mL
碱度	Alk	$\mathrm{mgCaCO_3/L}$

变量	符号	单位 *
总无机碳	c_T	mol/L
底栖藻类浓度	a_b	mgA/m²
底栖藻类含氮量	IN_b	mgN/m²
底栖藻类含磷量	IP_b	mgP/m²
自定义污染物 i		
自定义污染物 ii		
自定义污染物 iii		

注：* 1 μmhos/cm＝10^{-3} mS/cm；mg/L≡g/m³；cfu/100 mL 指每 100 mL 样品中含有的病原体菌落总数；另外，表格中的 D,C,N,P 和 A 分别代表干重、碳、氮、磷和叶绿素 a。

3.3.2　污染物与物质平衡

在某一个单元中，除底部藻量外的成分一般质量平衡可以用如下计算公式表示：

$$\frac{dc_i}{dt} = \frac{Q_{i-1}}{V_i}c_{i-1} - \frac{Q_i}{V_i}c_i - \frac{Q_{out,i}}{V_i}c_i + \frac{E'_{i-1}}{V_i}(c_{i-1} - c_i)$$
$$+ \frac{E'_i}{V_i}(c_{i+1} - c_i) + \frac{W_i}{V_i} + S_i \qquad (3.68)$$

式（3.68）中，W_i 为单元 i 中的某一成分的外部负荷（g/d 或 mg/d）；S_i 为由于反应和迁移而形成的某一成分的源和汇[g/(m³·d) 或 mg/(m³·d)]；E'_i 和 E'_{i-1} 分别为单元 i 向上下游相临单元的扩散量（m³/s）。

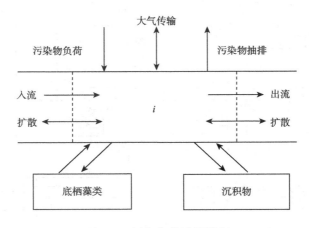

图 3.8　污染物的质量平衡

对于外部负荷，计算公式为：

$$W_i = \sum_{j=1}^{ps,i} Q_{ps,i,j} c_{ps,i,j} + \sum_{j=1}^{nps,i} Q_{nps,i,j} c_{nps,i,j} \tag{3.69}$$

式(3.69)中，$c_{ps,i,j}$ 为单元 i 中第 j 个点源的浓度（mg/L 或 μg/L），$c_{nps,i,j}$ 为单元 i 中第 j 个非点源的浓度（mg/L 或 μg/L）。

对于底栖藻类，迁移和负荷关系可以表达为：

$$\frac{da_{b,i}}{dt} = S_{b,i} \tag{3.70}$$

$$\frac{dIN_b}{dt} = S_{bN,i} \tag{3.71}$$

$$\frac{dIP_b}{dt} = S_{bP,i} \tag{3.72}$$

式(3.70)~(3.72)中，$S_{b,i}$ 为引起底栖藻类生物量变化的反应源/汇[mgA/(m² · d)]；$S_{bN,i}$ 为引起底栖藻类氮元素变化的反应源/汇[mgN/(m² · d)]；$S_{bP,i}$ 为引起底栖藻类磷元素变化的反应源/汇[mgP/(m² · d)]。

QUAL2K 模型中各状态变量的源/汇如图 3.9 所示。图 3.9 中包括了动力学模拟和传质两个过程的内容，但该示意图并没有表现底栖藻类中氮磷的内部层次关系。动力学过程包括：溶解（dr）、水解（h）、氧化（ox）、硝化（n）、反硝化（dn）、光合作用（p）、呼吸作用（r）、排泄（e）、死亡（d）、呼吸/排泄（rx）；传质过程包括：复氧（re）、沉降（s）、沉积物需氧量（sod）、沉积物转换（se）、沉积物无机碳通量（cf）等。

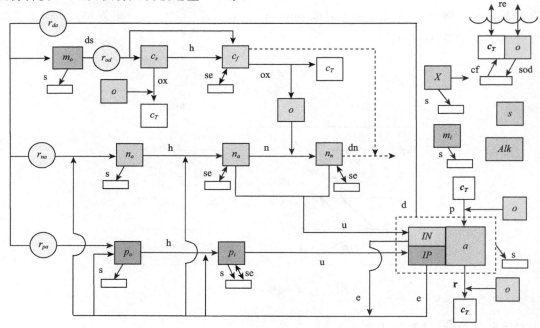

图 3.9　模型动力学及质量迁移过程

3.3.3 基本反应原理

（1）生化反应

下列化学反应方程式用来表示模型中发生的主要生化反应（Stumm 等，1996）。

植物光合作用和呼吸作用：

以氨氮为底物：

$$106CO_2 + 16NH_4^+ + HPO_4^{2-} + 106H_2O \underset{R}{\overset{P}{\rightleftharpoons}} C_{106}H_{263}O_{110}N_{16}P_1 + 106O_2 + 14H^+$$

$$(3.73)$$

以硝氮为底物：

$$106CO_2 + 16NO_3^- + HPO_4^{2-} + 122H_2O + 18H^+ \underset{R}{\overset{P}{\rightleftharpoons}} C_{106}H_{263}O_{110}N_{16}P_1 + 138O_2$$

$$(3.74)$$

硝化作用：

$$NH_4^+ + 2O_2 \rightarrow NO_3^- + H_2O + 2H^+ \tag{3.75}$$

反硝化作用：

$$5CH_2O + 4NO_3^- + 4H^+ \rightarrow 5CO_2 + 2N_2 + 7H_2O \tag{3.76}$$

模型中使用的相关附加反应（如模拟 pH 值和非离子氨等）再具体介绍。

（2）有机物的化学计量

Q2K 模型需要使用者指定有机物（如浮游植物和腐殖质等）的化学计量数。模型建议的一次近似比例值见下式（Redfield 等，1963；Chapra，1997）：

$$100 \text{ gD} : 40 \text{ gC} : 7200 \text{ mgN} : 1000 \text{ mgP} : 1000 \text{ mgA} \tag{3.77}$$

式（3.77）中，gX 为元素 X 的质量（g）；mgY 为元素 Y 的质量（mg）；D,C,N,P 和 A 分别表示干物质净重、碳、氮、磷和叶绿素 a。应该注意的是，叶绿素 a 是这些量中最易变化的，其变化范围在 500~2000 mgA（Laws 等，1990；Chapra，1997）。可进一步由以上推荐值确定相关化学计量比率：

$$r_{xy} = \frac{gX}{gY} \tag{3.78}$$

例如，腐殖质的量（gD）是由于单位数量的浮游植物（mgA）死亡形成的，可以表示为：

$$r_{da} = \frac{100 \text{ gD}}{1000 \text{ mgA}} = 0.1 \frac{\text{gD}}{\text{mgA}} \tag{3.79}$$

①氧气的产生和消耗

模型需要设定氧气的产生率和消耗率。如果以氨氮为底物，基于反应方程（3.73），通过光合作用每克植物物质产生氧气的量计算方法见下式：

$$r_{oca} = \frac{106 \text{ molO}_2 (32 \text{ gO}_2/\text{molO}_2)}{106 \text{ molC}(12 \text{ gC/molC})} = 2.67 \frac{\text{gO}_2}{\text{gC}} \quad (3.80)$$

如果以硝酸盐氮为底物,基于反应方程(3.74),通过光合作用每克植物物质产生氧气的量计算方法见下式:

$$r_{ocn} = \frac{138 \text{ molO}_2 (32 \text{ gO}_2/\text{molO}_2)}{106 \text{ molC}(12 \text{ gC/molC})} = 3.47 \frac{\text{gO}_2}{\text{gC}} \quad (3.81)$$

注意,反应方程(3.73)同样可以用于植物呼吸作用的氧气消耗量的化学计量。

对于硝化作用,基于反应方程(3.75),通过光合作用每克植物物质产生氧气的量计算方法见下式:

$$r_{on} = \frac{2 \text{ molO}_2 (32 \text{ gO}_2/\text{molO}_2)}{1 \text{ molN}(14 \text{ gN/molN})} = 4.57 \frac{\text{gO}_2}{\text{gN}} \quad (3.82)$$

②反硝化过程中 CBOD 的作用

根据反应方程(3.76),在反硝化过程中,CBOD 被分解消耗:

$$r_{ondn} = 2.67 \frac{\text{gO}_2}{\text{gC}} \frac{5 \text{ molC} \times 12 \text{ gC/molC}}{4 \text{ molN} \times 14 \text{ gN/molN}} \times \frac{1 \text{ gN}}{1000 \text{ mgN}} = 0.00286 \frac{\text{gO}_2}{\text{mgN}} \quad (3.83)$$

(3)反应过程中温度的影响

对于模型中所有的一阶反应,温度的影响可以表示为:

$$k(T) = k(20)\theta^{T-20} \quad (3.84)$$

式(3.84)中,$k(T)$ 为在温度 $T(\text{℃})$ 情况下的反应速率(d^{-1});θ 为反应的温度系数。

3.3.4　复合变量

除了模型状态变量外,Q2K 模型中相关综合变量计算公式如下:

总有机碳(mgC/L):

$$TOC = \frac{c_s + c_f}{r_{oc}} + r_{ca} a_p + r_{cd} m_0 \quad (3.85)$$

总氮(μgN/L):

$$TN = n_o + n_a + n_n + IN_p \quad (3.86)$$

总磷(μgP/L):

$$TP = p_o + p_i + IP_p \quad (3.87)$$

总凯氏氮(μgN/L):

$$TKN = n_o + n_a + IN_p \quad (3.88)$$

总悬浮颗粒物(mgD/L):

$$TSS = r_{da} a_p + m_o + m_i \quad (3.89)$$

碳质生化需氧量（mgO_2/L）：

$$CBOD_u = c_s + c_f + r_\alpha r_{ca} a_p + r_\alpha r_{cd} m_o \tag{3.90}$$

3.3.5　模型变量与数据间的关系

除快反应和慢反应碳质生化需氧量（c_f 和 c_s）之外，QUAL2K 模型模拟的状态变量和标准的水质测量值之间存在直接的关系。模型变量与数据间的关系及关于 BOD 值测量问题的讨论具体如下。

（1）非碳质 BOD 变量和数据

用以和模型输出的非碳质 BOD 变量结果进行比较的相关监测值和变量数据如下：

$TEMP =$ 温度（℃）

$TKN =$ 总凯氏氮（$\mu gN/L$）或 $TN =$ 总氮（$\mu gN/L$）

$NH_4 =$ 氨态氮（$\mu gN/L$）

$NO_2 =$ 亚硝态氮（$\mu gN/L$）

$NO_3 =$ 硝态氮（$\mu gN/L$）

$CHLA =$ 叶绿素 a（$\mu gA/L$）

$TP =$ 总磷（$\mu gP/L$）

$SRP =$ 溶解态磷（$\mu gP/L$）

$TSS =$ 总悬浮颗粒物（mgD/L）

$VSS =$ 挥发性悬浮颗粒物（mgD/L）

$TOC =$ 总有机碳（mgC/L）

$DOC =$ 溶解有机碳（mgC/L）

$DO =$ 溶解氧（mgO_2/L）

$PH = pH$ 值

$ALK =$ 碱度（$mgCaCO_3/L$）

$COND =$ 电导率（$\mu mhos/cm$）

模型状态变量与如下指标值相关：

$s = COND$

$m_i = TSS - VSS$ 或 $TSS - r_{dc}(TOC - DOC)$

$o = DO$

$n_o = TKN - NH_4 - r_{na} CHLA$ 或 $n_o = TN - NO_2 - NO_3 - NH_4 - r_{na} CHLA$

$n_a = NH_4$

$n_n = NO_2 + NO_3$

$$p_o = TP - SRP - r_{pa}CHLA$$

$$p_i = SRP$$

$$a_p = CHLA$$

$$m_o = VSS - r_{da}CHLA \text{ 或 } r_{dc}(TOC - DOC) - r_{da}CHLA$$

$$pH = PH$$

$$Alk = ALK$$

（2）碳质 BOD

天然水体中的 BOD 测量结果主要受以下三个要素影响。

①过滤水与未过滤水：如果是未过滤的样本，BOD 值的测量就包括了溶解和颗粒态有机碳的氧化反应。因为 Q2K 模型区别了溶解态（c_s，c_f）和颗粒态（m_o，a_p）有机质，若直接对未过滤样本进行测试，则不能区分各类物质的影响，获得数据将不可靠。除此之外，一种颗粒态 BOD 的成分——浮游植物（a_p），会通过光合作用的氧化影响 BOD 的测量。

②氮质 BOD（NBOD）：在有机碳（CBOD）的氧化过程中，氨氮也将消耗氧气（NBOD）。如果样本中（a）含有还原性氮，并且（b）消化反应未被控制，则测量值中将同时包含了 CBOD 和 NBOD。

③培养时间：通常只需要较短的，约 5 天的时间，就可以测出 BOD_5。但因为 Q2K 模型计算的为最终 CBOD，所以需要将 BOD_5 按照合理的方法转化成最终 CBOD。

Q2K 模型建议采用如下的几种切实可行的测量 CBOD 的方法，方法考虑以上各类因素，且测量结果可满足 Q2K 模型需求。

①过滤：样品应在培养之前先过滤，以分开溶解态和颗粒态的有机碳。

②硝化抑制：硝化反应可以通过添加化学抑制剂加以抑制，如 TCMP（2-氯甲基吡啶，2-chloro-6-(trichloro methyl)pyridine），从而获得较为准确的 CBOD 测量值。若无法抑制硝化反应，则测量结果需在考虑样品中还原态氮的耗氧当量的基础上进行校正。然而，以上两种不同校正方法都可能存在显著误差。

③培养时间：模型采用的是最终的 CBOD，可通过以下两个测量方法获得结果：a.采用足够长的时间，以获得最终 CBOD 测量结果；b.测量 5 日生化需氧量，然后外推得到最终 CBOD，方法 b 可通常基于如下公式计算：

$$CBODFNU = \frac{CBODFN5}{1 - e^{-k_1 5}} \tag{3.91}$$

式（3.91）中，CBODFNU[①]为最终溶解态 CBOD（mgO_2/L）；CBODFN5 为 5 日溶解态 CBOD（mgO_2/L）；k_1 为培养瓶中 CBOD 的降解速率（d^{-1}）。

———————————

① CBODFUN 表示过滤后，硝化抑制和最终的 BOD。

应该注意到,除了节约时间和成本,5 日生化需氧量外推法要比最终值测试法更好。尽管外推法会带来一些误差,但 5 日生化需氧量的值有能降低硝化效应的影响,因为即使硝化效应可得到抑制,但在长时间上依然有较大影响。

基于以上条件,测量结果与模型变量的对应关系是:

$$c_f + c_s = \text{CBODFNU} \tag{3.92}$$

④快反应与慢反应 CBOD:目前还没有一种可区别快、慢反应 CBOD 的单一、简便、经济可行的办法,下面两个方案代表了目前可选的最佳替代方法。

方案 1:将所有的溶解态可氧化的有机碳都视为一个单一的池(快反应 CBOD)。模型参数的引入以回避慢速反应 CBOD。如果不再输入慢反应 CBOD 的含量,则就在模型中不再考虑慢反应 CBOD。参照如下案例:

$$c_f = \text{CBODFNU}$$
$$c_s = 0$$

方案 2:采取最终 CBOD 测量值来作为快反应 CBOD 部分,采用最终 CBOD 与 DOC 测量值的差值计算慢反应 FBOD。参考如下案例:

$$c_f = \text{CBODFNU}$$
$$c_s = r_\alpha \text{DOC} - \text{CBODFNU}$$

方案 2 比较好地解决了模型中如何区别两种类型 CBOD。例如,生活污水处理厂排水及水生食物链中的原生碳可被视为快反应 CBOD。相反,工业废水,例如造纸厂或者搬运自流域的有机碳较难降解,因此可被考虑为慢速反应 CBOD。在这种情况中,由慢反应 CBOD 到快反应 CBOD 的水解转换速率可设成 0,使得两种形式相对独立。

对以上两种方案,最终 CBOD 可通过测量方法:a 直接使用长时间培养的测量结果,或者测量方法 b 采取方程(3.91)外推计算。在这两种情况中,考虑到污染物降解成有机碳的实验反应速率一般为 0.05～0.3 d^{-1}(Chapra,1997),降解大部分稳定的有机碳可能需要几个星期到一个月的有效时间(如 20～30 日 CBOD)。如图 3.10 所示,相关反应速率实验表明大部分易氧化的 CBOD 将在 20～30 d 反应殆尽。

此外,实验人员可考虑在 30℃的温度条件下进行长期 CBOD 实验,而不是选择通常采用的 20℃实验温度条件。20℃实验温度条件是考虑温带地区夏季的大部分受纳水体和污水处理厂的日均气温值是 20℃。

如果 CBOD 的测试是为了规范或评价污水处理厂出水水质标准,那就有必要统一一个具体温度。这时,20℃是一个比较合适的选择。然而,如果是为了测试最终的 CBOD,任何可加速实验进程但并不会干扰测量结果的方法都可认为是合适的。

天然水体和污水水体中,腐生细菌降解非生命有机碳的最适宜温度范围是 20～40℃。

同时,30℃并不能高到能促使菌群向天然水体或污水中非典型的嗜热细菌转化。因此,可加速氧化速率,减少实验分析的时间。假定 $Q_{10} \cong 2$ 是一个生物降解速率的接近值,30℃温度下的 20 日 BOD 应该等于 20℃温度下的 30 日 BOD。

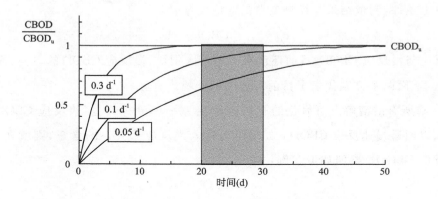

图 3.10　各种实验降解速率水平下的 CBOD 变化过程

3.3.6　污染物反应动力学

描述模型各个状态变量的反应过程或者状态变量浓度值的数学关系见以下公式。

（1）保守物质（s）

根据定义,保守物质不参加反应:

$$S_s = 0 \tag{3.93}$$

（2）浮游植物浓度（a_p）

浮游植物浓度随光合反应增加,浓度随着呼吸作用、死亡、沉积作用发生损失:

$$S_{a_p} = \text{PhytoPhoto} - \text{PhytoResp} - \text{PhytoDeath} - \text{PhytoSettl} \tag{3.94}$$

①光合作用

浮游植物光合作用按下式计算:

$$\text{PhytoPhoto} = \mu_p a_p \tag{3.95}$$

式（3.95）中,μ_p 为浮游植物光合作用速率（d^{-1}）,是一个温度、营养物质和光照的函数:

$$\mu_p = k_{gp}(T) \phi_{Np} \phi_{Lp} \tag{3.96}$$

式（3.96）中,$k_{gp}(T)$ 为温度 T 时的最大光合速率（d^{-1}）;ϕ_{Np} 为浮游植物营养盐衰减因子（数值为 0~1）;ϕ_{Lp} 为浮游植物光衰减系数（数值为 0~1）。

a. 营养盐限制

对于无机碳的营养盐限制可用米氏方程（Michaelis-Menten）表示。相反,对氮和磷等营养盐类,光合作用率取决于细胞内的营养水平,具体可用 Droop 公式（Droop,1974）计算,其最小值可用来计算营养盐衰减因子:

$$\phi_{Np} = \min\left[1 - \frac{q_{0Np}}{q_{Np}}, 1 - \frac{q_{0Pp}}{q_{Pp}}, \frac{[H_2CO_3^*] + [HCO_3^-]}{k_{sCp} + [H_2CO_3^*] + [HCO_3^-]}\right] \tag{3.97}$$

式（3.97）中，q_{Np} 和 q_{Pp} 分别为浮游植物细胞中的氮、磷比例含量（mgN/mgA），q_{0Np} 和 q_{0Pp} 分别为浮游植物最低细胞氮、磷含量比例（mgN/mgA）；k_{sCp} 为浮游植物无机碳半饱和常量（mol/L）；$[H_2CO_3^*]$ 为溶解态二氧化碳浓度（mol/L）；$[HCO_3^-]$ 为碳酸氢根离子浓度（mol/L）。

最低细胞营养盐含量为浮游植物在停止增长时细胞内营养物质含量水平。应注意，营养盐限制不能是负数。即如果 $q < q_0$，则营养盐限制量设置为 0。

细胞营养盐含量比例为细胞内营养物质含量与浮游植物生物质量的比值：

$$q_{Np} = \frac{IN_p}{a_p} \tag{3.98}$$

$$q_{Pp} = \frac{IP_p}{a_p} \tag{3.99}$$

式（3.98）和（3.99）中，IN_p 为浮游植物细胞内的氮浓度（μgN/L）；IP_p 为浮游植物细胞内的磷浓度（μgP/L）。

b. 光照限制

QUAL2K 模型假定水体中的光衰减遵循比尔—朗伯定律：

$$PAR(z) = PAR(0)e^{-k_e z} \tag{3.100}$$

式（3.100）中，$PAR(z)$ 为水面深度 z 以下光合作用可利用的辐射值（ly/d）[①]；k_e 为水体消光系数（m^{-1}）。

水面处 PAR 为太阳辐射的一固定比例部分（Szeicz，1974；Baker 等，1987）：

$$PAR(0) = 0.47I(0)$$

消光系数与模型变量的关系是：

$$k_e = k_{eb} + \alpha_i m_i + \alpha_o m_o + \alpha_p a_p + \alpha_{pn} a_p^{2/3} \tag{3.101}$$

式（3.101）中，k_{eb} 为水体水色背景消光系数（m^{-1}）；$\alpha_i, \alpha_o, \alpha_p, \alpha_{pn}$ 分别是无机悬浮颗粒物 [L/(mgD·m)]、有机颗粒物质 [L/(mgD·m)]、叶绿素线性消光作用 [L/(μgA·m)] 和叶绿素非线性消光作用 (L/μgA)$^{2/3}$/m] 的影响因子。各系数建议值如表 3.6 所示。

表 3.6　各消光系数因子值对照表

因子	取值	参考文献
α_i	0.0520	Di Toro(1978)
α_o	0.1740	Di Toro(1978)
α_p	0.0088	Riley(1956)
α_{pn}	0.0540	Riley(1956)

---

① ly 为太阳辐射的能量通量单位，兰勒，$1~\mu E/m^2/s = 0.45~ly/d$，下同。

QUAL2K 模型采用三个不同的光照模型模拟光对浮游植物光合作用的影响。如图 3.11 所示,曲线表示了随着 PAR 强度(ly/d)的生长抑制情况。

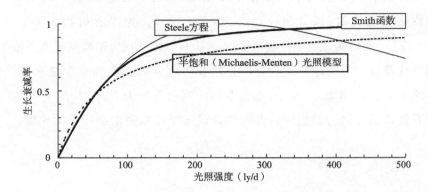

图 3.11 QUAL2K 中光照模型模拟的浮游植物和底栖藻类光合作用光照依赖状况

半饱和(Michaelis-Menten)光照模型(Baly,1935):

$$F_{Lp} = \frac{I(z)}{K_{Lp} + I(z)} \tag{3.102}$$

式(3.102)中,F_{Lp} 为浮游植物生长光照衰减率;K_{Lp} 为浮游植物光照系数。在半饱和模型中,光参数为半饱和系数(ly/d)。半饱和函数与比尔-朗伯定律联立,并在水深 H(m)上积分,可得浮游植物光衰减系数:

$$\phi_{Lp} = \frac{1}{k_e H} \ln\left(\frac{K_{Lp} + I(0)}{K_{Lp} + I(0)e^{-k_e H}}\right) \tag{3.103}$$

Smith 函数(Smith,1936):

$$F_{Lp} = \frac{I(z)}{\sqrt{K_{Lp}^2 + I(z)^2}} \tag{3.104}$$

式(3.104)中,K_{Lp} 为浮游植物 Smith 参数(ly/d),即处于最大生长速率值的 70.7% 时的 PAR 值。函数与比尔—朗伯定律联立,并在水深上积分,从而得到:

$$\phi_{Lp} = \frac{1}{k_e H} \ln\left[\frac{I(0)/K_{Lp} + \sqrt{1 + (I(0)/K_{Lp})^2}}{(I(0)/K_{Lp})e^{-k_e H} + \sqrt{1 + ((I(0)/K_{Lp})e^{-k_e H})^2}}\right] \tag{3.105}$$

Steele 方程(Steele,1962):

$$F_{Lp} = \frac{I(z)}{K_{Lp}}e^{1-\frac{I(z)}{K_{Lp}}} \tag{3.106}$$

式(3.106)中,K_{Lp} 为浮游植物生长处于最佳状态时的 PAR 值(ly/d)。函数与比尔—朗伯定律联立,并在水深上积分,可得到:

$$\phi_{Lp} = \frac{2.718282}{k_e H}\left(e^{-\frac{I(0)}{K_{Lp}}e^{-k_e H}} - e^{-\frac{I(0)}{K_{Lp}}}\right) \tag{3.107}$$

②损失

a. 呼吸作用

浮游植物的呼吸作用以一阶速率表示,呼吸作用在低氧条件下将受抑制。

$$\text{PhytoResp} = F_{axp}k_{rp}(T)a_p \tag{3.108}$$

式(3.108)中,$k_{rp}(T)$为与温度有关的浮游植物呼吸/排泄速率(d^{-1});F_{axp}为低氧衰减率。氧衰减通过方程(3.145)~(3.147)来模拟,其中氧气依赖参数以 K_{sop} 表示。

b. 死亡

浮游植物死亡以一阶速率表示:

$$\text{PhytoDeath} = k_{dp}(T)a_p \tag{3.109}$$

式(3.109)中,$k_{dp}(T)$为温度依赖的浮游植物的死亡率(d^{-1})。

c. 沉降

浮游植物沉降可表示为:

$$\text{PhytoSettl} = \frac{v_a}{H}a_p \tag{3.110}$$

式(3.110)中,v_a 为浮游植物沉降速率(m/d)。

(3)浮游植物内部氮(IN_b)

浮游植物细胞内的氮转换通过下式计算:

$$S_{IN_b} = \text{PhytoUpN} - q_{Np}\text{PhytoDeath} - \text{PhytoExN} \tag{3.111}$$

式(3.111)中,PhytoUpN 为浮游植物氮的摄取速率[μgN/(L·d)];PhytoDeath 为浮游植物的死亡速率[μgN/(L·d)];PhytoExN 为浮游植物排氮速率[μgN/(L·d)],通过以下公式计算:

$$\text{PhytoExN} = q_{Np}k_{ep}(T)a_p \tag{3.112}$$

式(3.112)中,$k_{ep}(T)$为温度依赖的浮游植物排泄率(d^{-1})。

氮的摄取率同时依赖于细胞外部和细胞内部的营养状况(Rhee,1973):

$$\text{PhytoUpN} = \rho_{mNp}\frac{n_a + n_n}{k_{sNp} + n_a + n_n}\frac{K_{qNp}}{K_{qNp} + (q_{Np} - q_{0Np})}a_p \tag{3.113}$$

式(3.113)中,ρ_{mNp}为氮的最大摄取率[mgN/(mgA·d)];k_{sNp}为外部氮的半饱和常数(μgN/L);K_{qNp}为细胞内氮的半饱和常数(mgN/mgA)。

(4)浮游植物内部磷(IP_b)

浮游植物细胞内部磷的转换通过下式计算:

$$S_{IP_b} = \text{PhytoUpP} - q_{Pp}\text{PhytoDeath} - \text{PhytoExP} \tag{3.114}$$

式(3.114)中,PhytoUpP 为浮游植物的磷摄取速率[μgP/(L·d)];PhytoDeath 为浮游植物死亡速率[μgP/(L·d)];PhytoExP 为浮游植物磷的排泄率[μgP/(L·d)],通过下式计算:

$$\text{PhytoExP} = q_{Pp} k_{ep}(T) a_p \tag{3.115}$$

式(3.115)中,$k_{ep}(T)$ 为温度依赖的浮游植物排泄率(d^{-1})。

磷的摄取率同时取决于细胞外部和细胞内部的营养盐状况(Rhee,1973):

$$\text{PhytoUpP} = \rho_{mPp} \frac{p_i}{k_{sPp} + p_i} \frac{K_{qPp}}{K_{qPp} + (q_{Pp} - q_{0Pp})} a_p \tag{3.116}$$

式(3.116)中,ρ_{mPp} 为磷的最大摄取速率(mgP/mgA·d);k_{sPp} 为外部磷的半饱和常数(μgP/L);K_{qPp} 为细胞内磷的半饱和常数(mgP/mgA)。

(5)底栖藻类(a_b)

底栖藻类的增长主要依赖于光合作用,损失主要通过呼吸或者死亡等途径。

$$S_{a_b} = \text{BotAlgPhoto} - \text{BotAlgResp} - \text{BotAlgDeath} \tag{3.117}$$

①光合作用

模型提供了两种模拟底栖藻类光合作用的方法。方法一是基于一个温度校正的零阶方程,速率衰减考虑营养盐和光照限制的影响(McIntyre,1973;Rutherford 等,1999),

$$\text{BotAlgPhoto} = C_{gb}(T) \phi_{Nb} \phi_{Lb} \tag{3.118}$$

式(3.118)中,$C_{gb}(T)$ 为零阶温度依赖的最大光合作用速率[mgA/(m^2·d)];ϕ_{Nb} 为底栖藻类的营养衰减因子(0~1 之间的无量纲数);ϕ_{Lb} 为底栖藻类光衰减系数(0~1 的无量纲数)。

方法二是采用一阶模型:

$$\text{BotAlgPhoto} = C_{gb}(T) \phi_{Nb} \phi_{Lb} \phi_{Sb} a_b \tag{3.119}$$

式(3.119)中,$C_{gb}(T)$ 为零维温度相关的最大光合作用速率(d^{-1});ϕ_{Sb} 为底栖藻类空间衰减限制因子。

a. 温度效应

对于一阶速率,采取 Arrhenius 模型定量计算温度对底栖藻类光合作用的影响:

$$C_{gb}(T) = C_{gb}(20) \theta^{T-20} \tag{3.120}$$

b. 营养盐限制

营养盐对底栖藻类光合作用限制的模拟方法与浮游植物的相同,即采用 Droop 方程(1974)模拟氮、磷的限制,采用 Michaelis-Menten 半饱和光照模型模拟无机碳的限制,

$$\phi_{Nb} = \min\left[1 - \frac{q_{0Nb}}{q_{Nb}}, 1 - \frac{q_{0Pb}}{q_{Pb}}, \frac{[H_2CO_3^*] + [HCO_3^-]}{k_{sCb} + [H_2CO_3^*] + [HCO_3^-]} \right] \tag{3.121}$$

式(3.121)中,q_{Nb} 和 q_{Pb} 为底栖藻类细胞氮和磷含量的比值(mgP/mgA);q_{0Nb} 和 q_{0Pb} 为底栖藻类细胞氮和磷的含量的最小比例值(mgP/mgA);k_{sCb} 为底栖藻类无机碳半饱和常数(mol/L)。同浮游植物一样,底栖藻类营养盐限值不能为负值。

细胞营养盐含量比例为细胞内营养物质含量与底栖藻类生物质量的比值:

$$q_{Nb} = \frac{IN_b}{a_b} \tag{3.122}$$

$$q_{Pb} = \frac{IP_b}{a_b} \tag{3.123}$$

式(3.122)和(3.123)中，IN_b 为细胞内氮浓度(mgN/m^2)；IP_b 为细胞内磷浓度(mgP/m^2)。

c. 光照限制

与浮游植物相反，任何时候的光照限制都由水体底部的 PAR 值决定，具体取值可根据比尔—朗伯定律[见方程(3.100)]计算确定：

$$I(H) = I(0)e^{-k_e H} \tag{3.124}$$

与浮游植物一样，模型提供了三个模型[见方程(3.102)，(3.104)和(3.106)]方法来描述光照对底栖藻类的影响。将方程(3.124)带入以上模型，可得底栖藻类衰减系数公式如下：

半饱和光照模型(Baly,1935)：

$$\phi_{Lb} = \frac{I(0)e^{-k_e H}}{K_{Lb} + I(0)e^{-k_e H}} \tag{3.125}$$

Smith 方程(Smith,1936)：

$$\phi_{Lp} = \frac{I(0)e^{-k_e H}}{\sqrt{K_{Lb}^2 + (I(0)e^{-k_e H})^2}} \tag{3.126}$$

Steele 方程(Steele,1962)：

$$\phi_{Lb} = \frac{I(0)e^{-k_e H}}{K_{Lb}} e^{1 + \frac{I(0)e^{-k_e H}}{K_{Lb}}} \tag{3.127}$$

式(3.125)~(3.127)中，K_{Lb} 为对各光照限制模型适用的底栖藻类光照系数。

d. 空间限制

若采用一阶增长模型，需要引入针对底栖藻类空间的限制系数，具体可采用 Logistic 模型描述其限制：

$$\phi_{Sb} = 1 - \frac{a_b}{a_{b,\max}} \tag{3.128}$$

式(3.128)中，$a_{b,\max}$ 为最大承载力(mgA/m^2)。

②损失

a. 呼吸作用

底栖藻类呼吸作用采取一阶速率表达，呼吸作用在低氧条件下将受抑制：

$$\text{BotAlgResp} = F_{axb} k_{rb}(T) a_b \tag{3.129}$$

式(3.129)中，$k_{rb}(T)$ 为依赖于温度的底栖藻类呼吸率(d^{-1})；F_{axb} 为低氧环境下的衰减系数。氧气的衰减过程可通过方程(3.145)~(3.147)来模拟，其中的氧气依赖参数以 K_{sop} 表示。

b. 死亡

底栖藻类的死亡采取如下一阶速率来表示：

$$BotAlgDeath = k_{db}(T)a_b \tag{3.130}$$

式(3.130)中，$k_{db}(T)$为依赖于温度的底栖藻类消亡速率(d^{-1})。

(6)底栖藻类内部氮(IN_b)

底栖藻类的细胞内氮的转换采取如下公式计算：

$$S_{IN_b} = BotAlgUpN - q_{Nb}BotAlgDeath - BotAlgExN \tag{3.131}$$

式(3.131)中，BotAlgUpN 为底栖藻类氮的摄取速率[mgN/(m² · d)]；BotAlgDeath 为底栖藻类的死亡率[mgA/(m² · d)]；BotAlgExN 为底栖藻类氮的排泄率[mgN/(m² · d)]，可通过下式计算：

$$BotAlgExN = q_{Nb}k_{db}(T)a_b \tag{3.132}$$

式(3.132)中，$k_{db}(T)$为温度依赖的底栖藻类排泄率(d^{-1})。

氮的摄取同时取决于外部和细胞内营养盐状况(Rhee,1973)：

$$BotAlgUpN = \rho_{mNb} \frac{n_a + n_n}{k_{sNb} + n_a + n_n} \frac{K_{qNb}}{K_{qNb} + (q_{Nb} - q_{0Nb})}a_b \tag{3.133}$$

式(3.133)中，ρ_{mNb}为氮的最大摄取速率[mgN/(mgA · d)]；k_{sNb}为外部氮的半饱和常数(μgN/L)；K_{qNb}为细胞内氮的半饱和常数(mgN/mgA)。

(7)底栖藻类内部磷(IP_b)

底栖藻类内部磷的转换通过下式计算：

$$S_{IP_b} = BotAlgUpP - q_{Pb}BotAlgDeath - BotAlgExP \tag{3.134}$$

式(3.134)中，BotAlgUpP 为底栖藻类磷的摄取速率[mgP/(m² · d)]；BotAlgDeath 为底栖藻类的死亡率[gA/(m² · d)]；BotAlgExP 为底栖藻类外部磷的排泄率[mgP/(m² · d)]，可通过下式计算：

$$BotAlgExP = q_{Pb}k_{db}(T)a_b \tag{3.135}$$

式(3.135)中，$k_{db}(T)$为温度依赖的底栖藻类的排泄率(d^{-1})。

磷的摄取率同时取决于底栖藻类细胞外部和细胞内部的营养盐状况(Rhee,1973)：

$$BotAlgUpP = \rho_{mPb} \frac{p_i}{k_{sPb} + p_i} \frac{K_{qPb}}{K_{qPb} + (q_{Pb} - q_{0Pb})}a_b \tag{3.136}$$

式(3.136)中，ρ_{mPb}为磷的最大摄取率[mgP/(mgA · d)]；k_{sPb}为外部磷的半饱和常数(μgP/L)；K_{qPb}为细胞内磷的半饱和常数(mgP/mgA)。

(8)腐殖质(m_o)

腐殖质碎屑或有机颗粒物(POM)的量随植物的死亡而增加，由于溶解和沉降而损失：

$$S_{m_o} = r_{da}PhytoDeath + r_{da}\frac{BotAlgDeath}{H} - DetrDiss - DetrSettl \tag{3.137}$$

其中，

$$\text{DetrDiss} = k_{dt}(T)m_o \tag{3.138}$$

式(3.138)中，$k_{dt}(T)$ 为温度依赖的腐殖质溶解速率(d^{-1})。

$$\text{DetrSettl} = \frac{v_{dt}}{H}m_o \tag{3.139}$$

式(3.139)中，v_{dt} 为腐殖质的沉降速率(m/d)。

(9)慢反应碳质生化需氧量(c_s)

慢反应碳质生化需氧量(Slowly Reacting CBOD)增加随腐殖质溶解而增加，由于水解和氧化作用而损失，

$$S_{c_s} = (1 - F_f)r_{od}\text{DetrDiss} - \text{SlowCHydr} - \text{SlowCOxid} \tag{3.140}$$

式(3.140)中，F_f 表示参加快反应碳质生化需氧量的溶解腐殖质比例；

其中，

$$\text{SlowCHydr} = k_{hc}(T)c_s \tag{3.141}$$

式(3.141)中，$k_{hc}(T)$ 为随温度变化的慢反应碳质生化需氧量水解率(d^{-1})；

$$\text{SlowCOxid} = F_{oxc}k_{dcs}(T)c_s \tag{3.142}$$

式(3.142)中，$k_{dcs}(T)$ 为随温度变化的慢反应碳质生化需氧量氧化速率(d^{-1})；F_{oxc} 表示低氧条件下碳质生化需氧量氧化的衰减率。

(10)快反应碳质生化需氧量(c_f)

快反应碳质生化需氧量(Fast Reacting CBOD)随腐殖质溶解和慢反应碳质生化需氧量的水解而增加，由于氧化和脱氮而损失，

$$S_{c_f} = F_f r_{od}\text{DetrDiss} + \text{SlowCHydr} - \text{FastCOxid} - r_{ondn}\text{Denitr} \tag{3.143}$$

其中，

$$\text{FastCOxid} = F_{oxc}k_{dc}(T)c_f \tag{3.144}$$

式(3.144)中，$k_{dc}(T)$ 为温度依赖的碳质生化需氧量的氧化率(d^{-1})；F_{oxc} 表示低氧衰减系数；参数 r_{ondn} 表示单位硝酸盐氮脱氮消耗的氧当量(通过方程 3.83 计算)；Denitr 表示脱氮速率 $[\mu\text{gN}/(\text{L} \cdot \text{d})]$。

氧气衰减计算可依据以下三个模型：

半饱和模型：

$$F_{oxrp} = \frac{o}{K_{socf} + o} \tag{3.145}$$

式(3.145)中，K_{socf} 为快反应碳质生化需氧量氧化的氧气半饱和常数(mgO_2/L)。

指数模型：

$$F_{oxrp} = (1 - e^{-K_{socf}o}) \tag{3.146}$$

式(3.146)中，K_{socf} 为快反应碳质生化需氧量氧化的氧气指数影响系数（L/mgO$_2$）。

二阶半饱和模型：

$$F_{oxrp} = \frac{o^2}{K_{socf} + o^2} \qquad (3.147)$$

式(3.147)中，K_{socf} 为快反应碳质生化需氧量氧化的氧气二阶半饱和影响常量（mgO$_2^2$/L^2）。

(11)有机氮（n$_o$）

有机氮含量随植物的死亡增加，由于水解和沉降作用发生损失，

$$S_{n_o} = f_{onp}q_{Np}\text{PhytoDeath} + f_{onb}q_{Nb}\frac{\text{BotAlgDeath}}{H} - \text{ONHydr} - \text{ONSettl} \qquad (3.148)$$

其中，f_{onp} 为浮游植物内部有机氮比例，计算公式如下：

$$\begin{cases} f_{onp} = \dfrac{r_{na}}{q_{Np}} & (q_{Np} > r_{na}) \\ f_{onp} = 1 & (q_{Np} \leqslant r_{na}) \end{cases} \qquad (3.149)$$

底栖藻内部有机氮比例 f_{onb} 可采用类似的方式计算，

有机氮水解速率计算公式如下：

$$\text{ONHydr} = k_{hn}(T)n_o \qquad (3.150)$$

式(3.150)中，$k_{hn}(T)$ 表示温度依赖有机氮水解速率（d^{-1}）。有机氮沉降计算公式如下：

$$\text{ONSettl} = \frac{v_{on}}{H}n_o \qquad (3.151)$$

式(3.151)中：v_{on} 为有机氮沉降速度（m/d）。

(12)氨氮（n$_a$）

氨氮含量随有机氮水解以及植物死亡和排泄作用而增加，由于硝化作用和植物光合作用而损失，

$$S_{n_a} = \text{ONHydr} + (1 - f_{onp})q_{Np}\text{PhytoDeath} + (1 - f_{onb})q_{Nb}\frac{\text{BotAlgDeath}}{H}$$

$$+ \text{PhytoExN} + \frac{\text{BotAlgExN}}{H} - \text{Nitrif} - P_{ap}\text{PhytoUpN}$$

$$- P_{ab}\frac{\text{BotAlgUpN}}{H} - \text{NH3GasLoss} \qquad (3.152)$$

氨氮硝化率计算公式如下：

$$\text{Nitrif} = F_{oxna}k_n(T)n_a \qquad (3.153)$$

式(3.153)中，$k_n(T)$ 为与温度相关的氨氮硝化速率（d^{-1}）；F_{oxna} 为低氧衰减率。氧气衰减可由方程(3.145)～(3.147)，以及硝化作用对氧气依赖性参数 K_{sona} 计算得到，系数 P_{ap} 和 P_{ab} 分别表示浮游植物和底藻类植物内氨氮作为氮源的偏好系数，

$$P_{ap} = \frac{n_a n_n}{(k_{hnxp} + n_a)(k_{hnxp} + n_n)} + \frac{n_a k_{hnxp}}{(n_a + n_n)(k_{hnxp} + n_n)} \qquad (3.154)$$

$$P_{ab} = \frac{n_a n_n}{(k_{hnxb} + n_a)(k_{hnxb} + n_n)} + \frac{n_a k_{hnxb}}{(n_a + n_n)(k_{hnxb} + n_n)} \quad (3.155)$$

式(3.154)和(3.155)中,k_{hnxp}为浮游植物氨氮偏好系数(mgN/m^3);k_{hnxb}为底藻类植物氨氮偏好系数(mgN/m^3)。

(13)非离子态氨氮

QUAL2K 模型中模拟的为总氨氮。水体中总氨氮包括两种形式:铵根离子 NH_4^+ 和非离子态氨氮 NH_3。在中性 pH(6~8)条件下,绝大部分的总氨为离子态。然而在高 pH 值时,非离子态氨氮形式将处于主导地位。非离子态氨氮总量的计算公式如下:

$$n_{au} = F_u n_a \quad (3.156)$$

式(3.156)中,n_{au}表示非离子态氨氮浓度($\mu\text{gN/L}$);F_u表示非离子态氨氮占总氨氮的比例,

$$F_u = \frac{K_a}{10^{-\text{pH}} + K_a} \quad (3.157)$$

式(3.157)中,K_a表示氨氮离解平衡系数,与温度相关,

$$\text{p}K_a = 0.09018 + \frac{2729.92}{T_a} \quad (3.158)$$

式(3.158)中,T_a为绝对温度(K);$\text{p}K_a = \log_{10} K_a$。离子态氨氮占总氨氮的比例 F_i 可定义为 $1 - F_u$,或者是:

$$F_i = \frac{10^{-\text{pH}}}{10^{-\text{pH}} + K_a} \quad (3.159)$$

(14)氨气转移

通过氨气转移损失的氨氮计算公式如下:

$$\text{NH}_3\text{GasLoss} = \frac{v_{nh3}(T)}{H}\left[n_{aus}(T) - n_{au}\right] \quad (3.160)$$

式(3.160)中,$v_{nh3}(T)$表示依赖温度的氨气转移系数(m/d);$n_{aus}(T)$表示在 T℃时氨气饱和浓度($\mu\text{gN/L}$)。

氨气转移系数 $v_{nh3}(T)$的计算公式如下:

$$v_{nh3} = K_l \frac{H_e}{H_e + RT_a\left(\dfrac{K_l}{K_g}\right)} \quad (3.161)$$

式(3.161)中,v_{nh3}表示质量转移系数(m/d);K_l 和 K_g 分别表示液体和气体交换系数(m/d);R 表示通用气体常量[$8.206 \times 10^{-5}\,\text{atm}①$ • $\text{m}^3/(\text{K} • \text{mol})$];$T_a$ 为绝对温度(K);H_e 表示亨利常量(atm • m^3/mol)。

氨气饱和浓度 $n_{aus}(T)$计算公式如下:

---

① 1 atm = 101325 Pa,下同。

$$n_{aus}(T) = \frac{p_{nh3}}{H_e} \times CF \qquad (3.162)$$

式(3.162)中，p_{nh3}表示大气中氨气的分压(atm)；CF为转换因子($\mu gN/L$ per $molNH_3/m^3$)。氨分压的范围在农村和中度污染地区的 $1 \sim 10$ ppb[①] 到污染严重地区 $10 \sim 100$ ppb(Holland,1978;Finlayson-Pitts 等,1986)。模型假设数值典型取值为 2 ppb,与 2×10^{-9} atm 对应。转换因子的计算公式如下：

$$CF = \frac{m^3}{1000\ L} \times \frac{14\ gN}{molNH_3} \times \frac{10^6 \mu gN}{gN} = 14 \times 10^3\ \frac{\mu gN/L}{molNH_3/m^3} \qquad (3.163)$$

液膜系数与氧气再曝气速率有关(Mills 等,1992),

$$K_l = k_a H \left(\frac{32}{17}\right)^{0.25} = 1.171 k_a H \qquad (3.164)$$

气膜系数计算公式如下：

$$K_g = K_{g,H_2O} \left(\frac{18}{17}\right)^{0.25} \qquad (3.165)$$

式(3.165)中,K_{g,H_2O}水蒸气的质量转移速度(m/d),与风速有关(Schwarzenbach 等,1993)。

$$K_{g,H_2O} = (0.2U_{w,10} + 0.3) \times \frac{m}{100\ cm} \times \frac{86400\ s}{d} \qquad (3.166)$$

式(3.166)中,$U_{w,10}$表示 10 m 高度处的风速(m/s),结合上述方程可得：

$$K_g = 175.287 U_{w,10} + 262.9305 \qquad (3.167)$$

20℃时的氨气亨利常数值为 1.3678×10^{-5} atm · m^3/mol 其他温度条件下的数值计算公式如下：

$$H_e(T) = H_e(20)1.052^{T-20} \qquad (3.168)$$

(15)硝酸盐氮(n_n)

硝酸盐氮随氨氮的硝化作用而增加,由于脱氮作用和植物吸收而损失：

$$S_{n_n} = Nitrif - Denitr - (1 - P_{ab}) \frac{BotAlgUptakeN}{H} \qquad (3.169)$$

脱氮速率计算公式如下：

$$Denitr = (1 - F_{oxdn}) k_{dn}(T) n_n \qquad (3.170)$$

式(3.170)中,$k_{dn}(T)$表示温度依赖的硝酸盐反硝化速率(d^{-1});F_{oxdn}表示低氧状态对脱氮作用的影响,可由方程(3.145)~(3.147)以及氧依赖性参数 K_{sodn} 计算得到。

(16)有机磷(p_o)

有机磷随植物的死亡和排泄而增加,由于水解和沉降作用而损失：

---

① 1 ppb 等于十亿分之一,按照道尔顿分压定律,常压下产生的气体分压为 10^{-9} atm,下同。

$$S_{p_o} = f_{opp} q_{Pp} \frac{\text{PhytoDeath}}{H} + f_{opb} q_{Pb} \frac{\text{BotAlgDeath}}{H} - \text{OPHydr} - \text{OPSettl} \qquad (3.171)$$

其中，f_{opp} 表示浮游植物内部有机磷的比例含量，计算公式如下：

$$\begin{cases} f_{opp} = \dfrac{r_{pa}}{q_{Pp}} & (q_{Pp} > r_{pa}) \\[2mm] f_{opp} = 1 & (q_{Pp} \leqslant r_{pa}) \end{cases} \qquad (3.172)$$

底栖藻类植物内部有机磷的比例 f_{opb} 也可采用类似公式计算。

有机磷水解速率计算公式如下：

$$\text{OPHydr} = k_{hp}(T) p_o \qquad (3.173)$$

式(3.173)中，$k_{hp}(T)$ 表示温度依赖有机磷水解速率(d^{-1})。有机磷沉降计算公式如下：

$$\text{OPSettl} = \frac{v_{op}}{H} p_o \qquad (3.174)$$

式(3.174)中，v_{op} 表示有机磷沉降速率(m/d)。

（17）无机磷(p_i)

无机磷随有机磷水解和植物排泄而增加，由于植物吸收而损失。此外，无机磷可吸附在可沉淀颗粒物（如羟基氧化铁）上发生沉降损失，

$$S_{p_i} = \text{OPHydr} + (1 - f_{opp}) q_{Pp} \text{PhytoDeath}$$

$$+ \text{PhytoExP} + \frac{\text{BotAlgExP}}{H} - \text{PhytoUpP}$$

$$- \frac{\text{BotAlgUpP}}{H} - \text{IPSettl} \qquad (3.175)$$

其中，

$$\text{IPSettl} = \frac{v_{ip}}{H} p_i \qquad (3.176)$$

式(3.176)中，v_{ip} 表示无机磷沉降速率(m/d)。

（18）无机悬浮颗粒物(m_i)

无机悬浮物通过沉降作用损失，

$$S_{m_i} = - \text{InorgSettl} \qquad (3.177)$$

其中，

$$\text{InorgSettl} = \frac{v_i}{H} m_i \qquad (3.178)$$

式(3.178)中，v_i 表示无机悬浮颗粒物沉降速率(m/d)。

（19）溶解氧(o)

溶解氧浓度随植物的光合作用而增加，随快反应 CBOD 氧化作用、硝化作用和植物呼吸作用消耗发生损失。具体反应过程是充氧还是失氧取决于水中溶氧是不饱和状态还是

过饱和状态。

$$S_o = r_{oa} \text{PhytoPhoto} + r_{oa} \frac{\text{BotAlgPhoto}}{H} - r_{oa} \text{FastCOxid}$$

$$- r_{on} \text{NH4Nitr} - r_{oa} \text{PhytoResp} - r_{oa} \frac{\text{BotAlgResp}}{H} + \text{OxReaer}$$

$$(3.179)$$

其中，

$$\text{OxReaer} = k_a(T)[o_s(T, elev) - o] \qquad (3.180)$$

式(3.180)中，$k_a(T)$ 为与温度有关的复氧系数(d^{-1})；$o_s(T, elev)$ 为温度 T 和海拔 $elev$ 下氧的饱和浓度(mgO_2/L)。

①饱和溶解氧

下面的方程用来表示饱和溶解氧与温度有关(APHA,1995)：

$$\ln o_s(T, 0) = -139.34411 + \frac{1.575701 \times 10^5}{T_a} - \frac{6.642308 \times 10^7}{T_a^2}$$

$$+ \frac{1.243800 \times 10^{10}}{T_a^3} - \frac{8.621949 \times 10^{11}}{T_a^4} \qquad (3.181)$$

式(3.181)中，$o_s(T, 0)$ 为 1 标准大气压下淡水中溶解氧的饱和浓度(mgO_2/L)；T_a 为绝度温度(K)，$T_a = T + 273.15$。

高程的影响通过下式计算：

$$o_s(T, elev) = e^{\ln o_s(T, 0)}(1 - 0.0001148 elev) \qquad (3.182)$$

②复氧公式

可在"Reach Rates Worksheet(河段反应速率工作表)"中输入复氧系数(20℃时)。若不对复氧系数进行设定(对于某河段，输入空值或者 0 值)，程序将要求用户依据河流水动力和风速(可选)特征选择复氧模型进行计算：

$$k_a(20) = k_{ah}(20) + \frac{K_{Lw}(20)}{H} \qquad (3.183)$$

式(3.183)中，$k_{ah}(20)$ 为基于河流水动力特征计算的 20℃ 的复氧速率(d^{-1})；$K_{Lw}(20)$ 为基于风速计算的复氧质量传输系数(m/d)；H 为平均深度(m)。

a. 基于水力学特征

奥康纳—道宾斯公式(O'Connor 和 Dobbins,1958)：

$$k_{ah}(20) = 3.93 \frac{U^{0.5}}{H^{1.5}} \qquad (3.184)$$

式(3.184)中，U 为平均风速(m/s)；H 为平均水深(m)。

邱吉尔公式(Churchill 等,1962)：

$$k_{ah}(20) = 5.026 \frac{U}{H^{1.67}} \tag{3.185}$$

欧文斯—吉布斯公式(Owens 等,1964):

$$k_{ah}(20) = 5.32 \frac{U^{0.67}}{H^{1.85}} \tag{3.186}$$

格劳—尼尔公式(Tsivoglou 等,1976):

低流量条件,$Q = 0.0283 \sim 0.4247 \ \text{m}^3/\text{s}$:

$$k_{ah}(20) = 31183US \tag{3.187}$$

高流量条件,$Q = 0.4247 \sim 84.938 \ \text{m}^3/\text{s}$:

$$k_{ah}(20) = 15308US \tag{3.188}$$

式(3.187)和(3.188)中,S 为河道坡度(m/m)。

撒克斯顿—道森公式(Thackston 等,2001):

$$k_{ah}(20) = 2.16(1 + 9F^{0.25}) \frac{U_*}{H} \tag{3.189}$$

式(3.189)中,U_* 为剪切速度(m/s);F 为弗洛德数。

剪切速度和弗洛德数通过下式计算:

$$U_* = \sqrt{gR_hS} \tag{3.190}$$

$$F = \frac{U}{\sqrt{gH_d}} \tag{3.191}$$

式(3.190)和(3.191)中,g 为重力加速度($9.81 \ \text{m/s}^2$);R_h 为水力半径(m);S 为河道坡度(m/m);H_d 为水力深度(m),可通过下式计算:

$$H_d = \frac{A_c}{B_t} \tag{3.192}$$

式(3.192)中,B_t 为河道的宽度(m)。

USGS(深潭—浅滩)(Melchling 等,1999):

低流量条件,$Q \leqslant 0.556 \ \text{m}^3/\text{s}$:

$$k_{ah}(20) = 517(US)^{0.524}Q^{-0.242} \tag{3.193}$$

高流量条件,$Q > 0.556 \ \text{m}^3/\text{s}$:

$$k_{ah}(20) = 596(US)^{0.528}Q^{-0.136} \tag{3.194}$$

式(3.193)和(3.194)中,Q 为流量(m^3/s)。

USGS(人工控制河流)(Melchling 等,1999):

低流量条件,$Q \leqslant 0.556 \ \text{m}^3/\text{s}$:

$$k_{ah}(20) = 88(US)^{0.313}H^{-0.353} \tag{3.195}$$

高流量条件,$Q > 0.556 \ \text{m}^3/\text{s}$:

$$k_{ah}(20) = 142(US)^{0.333} H^{-0.66} B_t^{-0.243} \tag{3.196}$$

内置(Covar,1976):

复氧速率可以基于 Covar(1976)提出的情景图(图 3.12),由 QUAL2K 模型程序内部选择相应方法进行计算。

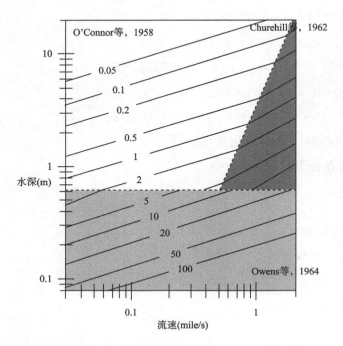

图 3.12　复氧速率与水深和速度关系曲线(Covar,1976)

- 如果 $H < 0.61$ m,采用欧文斯—吉布斯公式;

- 如果 $H > 0.61$ m,$H > 3.45U^{2.5}$,采用奥康纳—道宾斯公式;

- 否则,用邱吉尔公式。

可在 Q2K 模型的"Rates Worksheet(速率工作表)"中选择方法为 Internal(内置)。注意,如果没有指定方法选项,程序将默认选择内置方法。

b. 基于风速特征

风速对复氧速率的影响可通过以下三个方法考虑:(a)直接忽略;(b)采用 Banks-Herrera 公式计算;(c)采用 Wanninkhof 公式计算。

Banks-Herrera 公式(Banks,1975;Banks 等,1977)

$$K_{hv} = 0.728U_{w,10}^{0.5} - 0.317U_{w,10} + 0.0372U_{w,10}^2 \tag{3.197}$$

式(3.197)中,$U_{w,10}$ 为在水面以上 10 m 处测得的风速(m/s)。

Wanninkhof 公式(Wanninkhof,1991)

$$K_{hv} = 0.0986U_{w,10}^{1.64} \tag{3.198}$$

注意,模型需利用公式(3.63)将校正风速(水面以上7 m处)输入"Meteorology Worksheet (气象工作表)"中,因为风速标定为10 m处测量值。

③水工建筑物的影响:氧气

河流中氧气的传输受堰、坝、闸和瀑布跌水等水工建筑物影响(图3.13)。Butts 和 Evans(1983)评估了水工建筑物对氧气传输特征影响的相关成果,建议采用以下公式:

$$r_d = 1 + 0.38\, a_d b_d H_d (1 - 0.11\, H_d)(1 + 0.046\, T) \tag{3.199}$$

式(3.199)中,r_d 为大坝上下的落差比率;H_d 为根据公式(3.6)计算的水位差(m);T 为水体温度(℃);a_d,b_d 分别为水质和大坝类型的校正系数。

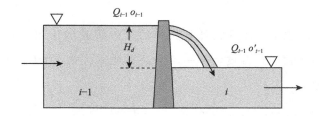

图3.13　河水流过水工建筑物的示意图

表3.7和表3.8列出了一些 a_d 和 b_d 的值。如果没有指定的值,Q2K 模型使用默认的值:$a_d = 1.25$,$b_d = 0.9$。

表 3.7　水质系数值

污染状态	a_d
严重污染	0.65
中度污染	1.0
轻度污染	1.6
清洁水	1.8

表 3.8　大坝类型系数值

大坝类型	b_d
平宽顶,有规则台阶	0.70
平宽顶,有不规则台阶	0.80
平宽顶,垂直立面	0.60
平宽顶,直坡面	0.75
平宽顶,曲线表面	0.45
圆宽顶,曲线表面	0.75
尖顶,直坡面	1.00
尖顶,垂直立面	0.80
水闸	0.05

水工建筑物下游单元中氧气质量平衡可以写成：

$$\frac{do_i}{dt} = \frac{Q_{i-1}}{V_i}o'_{i-1} - \frac{Q_i}{V_i}o_i - \frac{Q_{ab,i}}{V_i}o_i + \frac{E'_i}{V_i}(o_{i+1} - o_i) + \frac{W_{o,i}}{V_i} + S_{o,i} \tag{3.200}$$

式(3.200)中，o'_{i-1} 为单元入流氧气浓度(mgO$_2$/L)，

$$o'_{i-1} = o_{s,i-1} - \frac{o_{s,i-1} - o_{i-1}}{r_d} \tag{3.201}$$

(20)病原体(X)

病原体考虑死亡与沉降作用，

$$S_X = -\text{PathDeath} - \text{PathSettl} \tag{3.202}$$

①死亡

病原体死亡的原因包括自然死亡和日光中的紫外线光照作用(Chapra,1997)。在无光照作用下的病原体的死亡通过温度依赖一阶衰减方程来模拟，由于光照造成的死亡速率可用朗伯比尔定律模拟，

$$\text{PathDeath} = k_{dX}(T)X + \alpha_{path}\frac{I(0)/24}{k_eH}(1 - e^{-k_eH})X \tag{3.203}$$

式(3.203)中，$k_{dX}(T)$ 为与温度有关的病原体死亡速率(d^{-1})；α_{path} 为光效率因子。

②沉降

病原体的沉降可用下式表示：

$$\text{PathSettl} = \frac{v_X}{H}x \tag{3.204}$$

式(3.204)中，v_X 为病原体的沉降速率(m/d)。

(21)pH 值

淡水的 pH 值主要受水中碳酸含量影响，可由下面的等式、质量平衡方程和电中性方程定义(Stumm 等,1996)，

$$K_1 = \frac{[\text{HCO}_3^-][\text{H}^+]}{[\text{H}_2\text{CO}_3^*]} \tag{3.205}$$

$$K_2 = \frac{[\text{CO}_3^{2-}][\text{H}^+]}{[\text{HCO}_3^-]} \tag{3.206}$$

$$K_w = [\text{H}^+][\text{OH}^-] \tag{3.207}$$

$$c_T = [\text{H}_2\text{CO}_3^*] + [\text{HCO}_3^-] + [\text{CO}_3^{2-}] \tag{3.208}$$

$$Alk = [\text{HCO}_3^-] + 2[\text{CO}_3^{2-}] + [\text{OH}^-] - [\text{H}^+] \tag{3.209}$$

式(3.205)~(3.209)中，K_1,K_2 和 K_w 是酸度常量；Alk 为碱度[eq L^{-1}]；H_2CO_3^* 为溶解的二氧化碳和碳酸总量；HCO_3^- 为碳酸氢根离子；CO_3^{2-} 为碳酸根离子；H^+ 为水合氢离子；OH^- 为氢氧根离子；c_T 为总无机碳浓度(mol/L)；[ ]表示摩尔浓度。注意，在模型内部计算

中,碱度用单位 eq/L 表示;对于输入和输出,碱度用单位 mgCaCO₃/L 表示。两个单位的转换关系可用下式表示。

$$Alk(\text{mgCaCO}_3/\text{L}) = 50000 \times Alk(\text{eq}/\text{L}) \tag{3.210}$$

平衡常数的温度修正用下列公式:

哈登—哈默(Harned-Hamer)方程(1933):

$$pK_w = \frac{4787.3}{T_a} + 7.1321\log_{10}(T_a) + 0.010365\,T_a - 22.80 \tag{3.211}$$

普拉默—布森贝格(Plummer-Busenberg)方程(1982):

$$\log K_1 = -356.3094 - 0.06091964T_a + 21834.37/T_a$$
$$+ 126.8339\log T_a - 1684915/T_a^2 \tag{3.212}$$

普拉默—布森贝格(Plummer-Busenberg)方程(1982):

$$\log K_2 = -107.8871 - 0.03252849\,T_a + 5151.79/T_a$$
$$+ 38.92561\log T_a - 563713.9/T_a^2 \tag{3.213}$$

联立非线性方程组(3.195)～(3.199),可解得[H₂CO₃*],[HCO₃⁻],[CO₃²⁻],[OH⁻],[H⁺]五个未知数。一个有效的求解方法是结合方程(3.206),(3.207)和(3.209)以定义以下变量(Stumm 等,1996)。

$$\alpha_0 = \frac{[\text{H}^+]^2}{[\text{H}^+]^2 + K_1[\text{H}^+] + K_1K_2} \tag{3.214}$$

$$\alpha_1 = \frac{K_1[\text{H}^+]}{[\text{H}^+]^2 + K_1[\text{H}^+] + K_1K_2} \tag{3.215}$$

$$\alpha_2 = \frac{K_1K_2}{[\text{H}^+]^2 + K_1[\text{H}^+] + K_1K_2} \tag{3.216}$$

式中,α_0,α_1 和 α_2 分别为二氧化碳、碳酸氢盐和碳酸盐中总无机碳的比例。将方程(3.207),(3.215)和(3.216)代入方程(3.209)可得到:

$$Alk = (\alpha_1 + 2\alpha_2)c_T + \frac{K_w}{[\text{H}^+]} - [\text{H}^+] \tag{3.217}$$

则求解 pH 值可简化为求解以下[H⁺]函数的根:

$$f([\text{H}^+]) = (\alpha_1 + 2\alpha_2)c_T + \frac{K_w}{[\text{H}^+]} - [\text{H}^+] - Alk \tag{3.218}$$

式(3.218)中,pH 值计算公式如下:

$$pH = -\log_{10}[\text{H}^+] \tag{3.219}$$

方程(3.218)的根可采用数值方法求解,用户可以从 QUAL2K 模型工作表选择二分法(Bisection),牛顿—拉普森(Newton-Raphson)方法或布伦特(Brent)方法(具体算法描述详见 Chapra 等,2006;Chapra,2007)。其中,牛顿—拉普森法最快,但是有时会发散;与此相反,二分法相对较慢,但是更为稳定;考虑速度和可靠性的平衡,布伦特方法被选择作为默认方法。

(22)总无机碳(c_T)

总无机碳由于快速反应碳氧化和植物呼吸作用而增加,由于植物的光合作用而损失。具体通过再曝气获得或失去 CO_2 取决于水体中的 CO_2 过饱和状态或不饱和状态。

$$S_{c_T} = r_{cco}\text{FastCOxid} + r_{cca}\text{PhytoResp} + r_{cca}\frac{\text{BotAlgResp}}{H}$$

$$- r_{cca}\text{PhytoPhoto} - r_{cca}\frac{\text{BotAlgPhoto}}{H} + CO_2\text{Reaer} \qquad (3.220)$$

其中,

$$CO_2\text{Reaer} = k_{ac}(T)([CO_2]_s - \alpha_0 c_T) \qquad (3.221)$$

式(3.221)中,$k_{ac}(T)$ 为与温度有关的二氧化碳再充气系数(d^{-1});$[CO_2]_s$ 为二氧化碳饱和浓度(mol/L)。

化学计量系数计算公式[①]为:

$$r_{cca} = r_{ca}\left(\frac{\text{gC}}{\text{mgA}}\right) \times \frac{\text{molC}}{12\text{ gC}} \times \frac{\text{m}^3}{1000\text{ L}} \qquad (3.222)$$

$$r_{cco} = \frac{1}{r_{oc}}\left(\frac{\text{gC}}{\text{gO}_2}\right)\frac{\text{molC}}{12\text{ gC}} \times \frac{\text{m}^3}{1000\text{ L}} \qquad (3.223)$$

①二氧化碳饱和浓度

CO_2 饱和浓度可用亨利定律计算,

$$[CO_2]_s = K_H \times p_{co_2} \qquad (3.224)$$

式(3.224)中,K_H 为亨利常数[mol/(L·atm)];p_{co_2} 为大气中二氧化碳的分压(atm)。注意,在"Rates Worksheet"(速率工作表)中分压输入的单位是 ppm[②],程序内部会通过转换关系:10^{-6} atm/ppm 将 ppm 转换成 atm。

K_H 的值可通过一个温度函数计算,

$$pK_H = -\frac{2385.73}{T_a} - 0.0152642\,T_a + 14.0184 \qquad (3.225)$$

近年来,由于化石燃料的燃烧等因素影响,大气 CO_2 分压持续增加。2007 年的大气 CO_2 分压值近似为 $10^{-3.416}\text{atm}(=383.7\text{ ppm})$。

②CO_2 气体传输

CO_2 再充气系数可参考复氧速率计算方法:

---

① 转换包括 $\text{m}^3 = 1000\text{ L}$,因为所有的质量平衡都用 m^3 表示体积,而总无机碳用 mol/L。

② 1 ppm 等于百万分之一,按照道尔顿分压定律,常压下产生的压力为 10^{-6} atm,下同。

$$k_{ac}(20) = \left(\frac{32}{44}\right)^{0.25} = 0.923 k_a(20) \qquad (3.226)$$

③水工建筑物的影响：CO_2

与溶解氧类似，河流中二氧化碳气体传输会受到水工建筑物的影响。Q2K 模型假定二氧化碳的行为和溶解氧类似。水工建筑物下游的第一个水体单元无机碳的质量平衡方程可以写成：

$$\frac{dc_{T,i}}{dt} = \frac{Q_{i-1}}{V_i}c'_{T,i-1} - \frac{Q_i}{V_i}c_{T,i} - \frac{Q_{ab,i}}{V_i}c_{T,i} + \frac{E'_i}{V_i}(c_{T,i+1} - c_{T,i}) + \frac{W_{cT,i}}{V_i} + S_{cT,i} \qquad (3.227)$$

式（3.227）中，$c'_{T,i-1}$为坝下水体单元二氧化碳入流浓度（mgO_2/L），其中，

$$c'_{T,i-1} = (\alpha_1 + \alpha_2)c_{T,i-1} + CO_{2,s,i-1} - \frac{CO_{2,s,i-1} - \alpha_2 c_{T,i-1}}{r_d} \qquad (3.228)$$

式（3.228）中，r_d可用方程（3.199）计算。

（23）碱度（Alk）

QUAL2K 模型中涉及影响碱度变化各作用机制见表 3.9。

表 3.9　影响碱度的过程

过程	利用	产生	碱度变化
硝化	NH_4	NO_3	降低
反硝化	NO_3		增加
有机磷水解		SRP	降低
有机氮水解		NH_4	增加
浮游植物光合作用	NH_4		降低
	NO_3		增加
	SRP		增加
浮游植物呼吸作用		NH_4	增加
		SRP	降低
浮游植物摄取氮	NH_4		减少
	NO_3		增加
浮游植物摄取磷	SRP		增加
浮游植物排泄氮		NH_4	增加
浮游植物排泄磷		SRP	降低
底栖藻类摄取氮	NH_4		降低
	NO_3		增加
底栖藻类摄取磷	SRP		增加
底栖藻类排泄氮		NH_4	增加
底栖藻类排泄磷		SRP	降低

①硝化反应

根据公式(3.75),硝化反应将利用氨氮产生硝酸盐氮。由于反应消耗了一个阳离子产生一个阴离子,碱度通过两次等价而降低。碱度的变化与硝化反应速率有关,

$$S_{a,nitr} = -\frac{2\ eq}{molN}\frac{molN}{14.007\ gN}\frac{gN}{10^6\ \mu gN}\frac{50000\ mgCaCO_3}{1\ eq}Nitrif\left(\frac{\mu gN}{L\cdot d}\right) \quad (3.229)$$

②反硝化

根据公式(3.76),反硝化利用硝态氮产生氮气。由于反应消耗一个阴离子产生中性分子,碱度通过一次等价而增加。碱度的变化与反硝化速率有关,

$$S_{a,denitr} = \frac{1\ eq}{molN}\frac{molN}{14.007\ gN}\frac{gN}{10^6\ \mu gN}\frac{50000\ mgCaCO_3}{1\ eq}Denitr\left(\frac{\mu gN}{L\cdot d}\right) \quad (3.230)$$

式(3.230)中,可基于化学计算数将反应过程转化为对应碱度的比例系数。化学计量数的换算关系由反应方程(3.73)～(3.76)计算得到。

③有机磷水解

有机磷水解产生无机磷酸盐。根据不同的 pH 值条件,磷酸盐将带 1 个(pH 值为 2～7)或者 2 个(pH 值为 7～12)阴离子,由于阴离子的产生,碱度分别通过一次等价或二次等价而降低。碱度的变化与有机磷水解速率有关[①]。

$$S_{a,OPh} = -(\alpha_{H_2PO_4} + 2\alpha_{HPO_4} + 3\alpha_{PO_4})\frac{eq}{molP}\frac{molP}{30.974gP}\frac{gP}{10^6\mu gP}$$
$$\times \frac{50000\ mgCaCO_3}{1\ eq}OPHydr\left(\frac{\mu gP}{L\cdot d}\right) \quad (3.231)$$

$$\alpha_{H_2PO_4} = \frac{K_{p1}[H^+]^2}{[H^+]^3 + K_{p1}[H^+]^2 + K_{p1}K_{p2}[H^+] + K_{p1}K_{p2}K_{p3}} \quad (3.232)$$

$$\alpha_{HPO_4} = \frac{K_{p1}K_{p2}[H^+]}{[H^+]^3 + K_{p1}[H^+]^2 + K_{p1}K_{p2}[H^+] + K_{p1}K_{p2}K_{p3}} \quad (3.233)$$

$$\alpha_{PO_4} = \frac{K_{p1}K_{p2}K_{p3}}{[H^+]^3 + K_{p1}[H^+]^2 + K_{p1}K_{p2}[H^+] + K_{p1}K_{p2}K_{p3}} \quad (3.234)$$

式(3.232)～(3.234)中,$K_{p1}=10^{-2.15}$,$K_{p2}=10^{-7.2}$,$K_{p3}=10^{-12.35}$。

④有机氮水解

有机氮水解产生氨氮。根据不同的 pH 值条件,氨氮可以阴离子铵根离子(pH<9)或者中性的氨分子(pH>9)形式存在。随着阳离子的产生,碱度通过一次等价而降低。碱度的变化与有机氮水解速率有关。

$$S_{a,ONh} = F_i\frac{1\ eq}{molN}\frac{molN}{14.007\ gN}\frac{gN}{10^6\ \mu gN}\frac{50000\ mgCaCO_3}{1\ eq}\times ONHydr\left(\frac{\mu gN}{L\cdot d}\right) \quad (3.235)$$

---

①　注意,碱度变化对有机磷水解速率的影响很小,通常情况下可忽略不计,在此列出方程,主要为详细介绍反应过程。

⑤浮游植物光合作用

浮游植物光合作用利用氨氮或硝酸盐作为氮源,利用无机磷酸盐作为磷源。如果浮游植物以氨氮为主要氮源,将会导致碱度降低,因为浮游植物对带正电的铵根离子的吸收比带负电的磷酸盐离子的吸收多;如果以硝酸盐为主要氮源,将会导致碱度升高,因为浮游植物吸收的硝酸盐和磷酸盐都是带负电的。

碱度变化与浮游植物光合作用的关系受营养源和受 pH 值影响的营养物质赋存形态的影响,具体见下式:

$$
\begin{aligned}
S_{a,PhytP} = {} & \frac{50000 \text{ mgCaCO}_3}{1 \text{ eq}} \\
& \left[-r_{na} P_{ap} F_i \frac{1 \text{ eq}}{\text{molN}} \frac{\text{molN}}{14.007 \text{ gN}} \frac{\text{gN}}{10^6 \mu\text{gN}} \right. \\
& + r_{na} (1 - P_{ap}) \frac{1 \text{ eq}}{\text{molN}} \frac{\text{molN}}{14.007 \text{ gN}} \frac{\text{gN}}{10^6 \mu\text{gN}} \\
& \left. + r_{pa} (\alpha_{H_2PO_4} + 2\alpha_{HPO_4} + 3\alpha_{PO_4}) \frac{1 \text{ eq}}{\text{molP}} \frac{\text{molP}}{30.974 \text{ gP}} \frac{\text{gP}}{10^6 \mu\text{gP}} \right] \\
& \times \text{PhytoPhoto} \left(\frac{\mu\text{gA}}{\text{L} \cdot \text{d}} \right)
\end{aligned}
\tag{3.236}
$$

⑥浮游植物营养摄取

浮游植物利用氨氮或硝酸盐氮作为氮源,利用无机磷酸盐作为磷源。碱度变化与浮游植物摄取速率的关系受营养源和受 pH 值影响的营养物质赋存形态的影响,具体方程如下:

$$
\begin{aligned}
S_{a,PUp} = {} & \frac{50000 \text{ mgCaCO}_3}{1 \text{ eq}} \\
& \left\{ [-P_{ap} F_i + (1 - P_{ap})] \frac{1 \text{ eq}}{\text{molN}} \frac{\text{molN}}{14.007 \text{ gN}} \frac{\text{gN}}{10^6 \mu\text{gN}} \times \frac{\text{PhytoUpN}}{H} \right. \\
& \left. + (\alpha_{H_2PO_4} + 2\alpha_{HPO_4} + 3\alpha_{PO_4}) \frac{1 \text{ eq}}{\text{molP}} \frac{\text{molP}}{30.974 \text{ gP}} \frac{\text{gP}}{10^6 \mu\text{gP}} \times \frac{\text{PhytoUpP}}{H} \right\}
\end{aligned}
\tag{3.237}
$$

⑦浮游植物营养排泄

浮游植物排泄氨和无机磷酸盐。碱度变化与浮游植物排泄速率关系见下式,方程考虑了受 pH 值影响的营养物质赋存形态的影响,

$$
\begin{aligned}
S_{a,PEx} = {} & \frac{50000 \text{ mgCaCO}_3}{1 \text{ eq}} \left[F_i \frac{1 \text{ eq}}{\text{molN}} \frac{\text{molN}}{14.007 \text{ gN}} \frac{\text{gN}}{10^6 \mu\text{gN}} \times \frac{\text{PhytoExN}}{H} \right. \\
& \left. - (\alpha_{H_2PO_4} + 2\alpha_{HPO_4} + 3\alpha_{PO_4}) \frac{1 \text{ eq}}{\text{molP}} \frac{\text{molP}}{30.974 \text{ gP}} \frac{\text{gP}}{10^6 \mu\text{gP}} \times \frac{\text{PhytoExP}}{H} \right]
\end{aligned}
\tag{3.238}
$$

⑧底栖藻类营养摄取

底栖藻利用氨或硝酸盐作为氮源,利用无机磷酸盐作为磷源。碱度变化与摄取速率的关系取决于营养源和受 pH 值影响的营养物质赋存形态的影响,具体见下式:

$$S_{a,BAUp} = \frac{50000 \text{ mgCaCO}_3}{1 \text{ eq}}$$

$$\left\{ \left[-P_{ab}F_i + (1-P_{ab}) \right] \frac{1 \text{ eq}}{\text{molN}} \frac{\text{molN}}{14.007 \text{ gN}} \frac{\text{gN}}{10^6 \mu \text{gN}} \times \frac{\text{BotAlgUpN}}{H} \right.$$

$$\left. + (\alpha_{H_2PO_4} + 2\alpha_{HPO_4} + 3\alpha_{PO_4}) \frac{1 \text{ eq}}{\text{molP}} \frac{\text{molP}}{30.974 \text{ gP}} \frac{\text{gP}}{10^6 \mu \text{gP}} \times \frac{\text{BotAlgUpP}}{H} \right\} \quad (3.239)$$

⑨底栖藻类营养排泄

底栖藻排泄氨氮和无机磷酸盐,碱度变化与底栖藻排泄速率关系具体见下式,方程考虑了 pH 值对营养物质赋存形态的影响,

$$S_{a,BAEx} = \frac{50000 \text{ mgCaCO}_3}{1 \text{ eq}}$$

$$\left[F_i \frac{1 \text{ eq}}{\text{molN}} \frac{\text{molN}}{14.007 \text{ gN}} \frac{\text{gN}}{10^6 \mu \text{gN}} \times \frac{\text{BotAlgExN}}{H} \right.$$

$$\left. - (\alpha_{H_2PO_4} + 2\alpha_{HPO_4} + 3\alpha_{PO_4}) \frac{1 \text{ eq}}{\text{molP}} \frac{\text{molP}}{30.974 \text{ gP}} \frac{\text{gP}}{10^6 \mu \text{gP}} \right.$$

$$\left. \times \frac{\text{BotAlgExP}}{H} \right] \quad (3.240)$$

3.3.7　沉积物耗氧量/营养盐通量模型

QUAL2K 模型中沉积物营养通量和沉积物耗氧量(SOD)核算主要基于 Di Toro 开发的模型(Di Toro 等,1991,1993,2001)。目前的版本 QUAL2K 模型程序同时参考了 James Martin的研究成果,将 Di Toro 方法融入 EPA WASP 模型方法框架内。

模型示意见图 3.14。从图中可见,模型沉积物-水之间的氧气和营养盐通量的计算是基于上覆水中有机颗粒物质的下行通量。沉积物分成两层:表面的薄好氧层($\cong 1$ mm)及其下覆的厚厌氧层(10 cm)。有机碳、氮和磷通过颗粒态有机物的沉降作用传递到厌氧底泥层(如浮游植物和腐殖质),随后在矿化作用下转化为溶解的甲烷、铵和无机磷酸盐。这些组分可转移到好氧层中,一部分甲烷和铵可在好氧层中发生氧化。好氧层中发生氧化所需水体中的氧气通量即为 SOD。模型对于沉积物-水之间的碳、氮和磷量以及伴随的 SOD 的计算方法介绍如下。

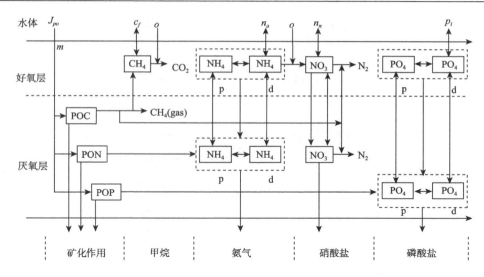

图 3.14   QUAL2K 中沉积物耗氧量/营养通量模型示意图

（1）矿化作用

如图 3.15 所示,计算的第一步是确定在厌氧沉积物中有多少颗粒态有机物（POM）沉降通量可转化为可溶性活性形式（这一过程被称为岩化作用）。首先,碳、氮和磷总沉降通量等于从水中沉降到沉积物层中的浮游植物和有机质总量。

$$J_{POC} = r_{ca} v_a a_p + r_{cd} v_{dt} m_o$$
$$J_{PON} = v_a q_{Np} a_p + v_{on} n_o \qquad (3.241)$$
$$J_{POP} = v_a q_{Pp} a_p + v_{op} p_o$$

式（3.241）中,J_{POC} 为颗粒态有机碳（POC）的沉降通量[gC/（m² · d）];r_{ca} 为叶绿素 a 中碳的比例含量（gC/mgA）;v_a 为浮游植物沉降速率（m/d）;a_p 为浮游植物浓度（mgA/m³）;r_{cd} 为干重中碳的比例含量（gC/gD）;v_{dt} 为腐殖质的沉降速率（m/d）;m_o 为腐殖质浓度（gD/m³）;J_{PON} 为颗粒态有机氮（PON）的沉降通量[mgN/（m² · d）];q_{Np} 为浮游植物细胞氮比例含量（mgN/mgA）;v_{on} 为有机氮沉降速率（m/d）;n_o 为有机氮浓度（mgN/m³）;J_{POP} 为颗粒态有机磷（POP）沉降通量[mgP/（m² · d）];q_{Pp} 为浮游植物细胞磷比例含量（mgP/mgA）;v_{op} 为有机磷沉降速率（m/d）;p_o 为有机磷浓度（mgP/m³）。

注意,为了方便起见,采用化学计量系数 r_a 将颗粒态有机碳（POC）表示成氧当量。营养通量可进一步分解为三种不同的反应部分:快反应通量（G1）、慢反应通量（G2）和不反应通量（G3）。以上通量部分可输入质量平衡方程中以计算厌氧层中各部分的浓度。例如,快反应的 POC 质量平衡方程为:

$$H_2 \frac{dPOC_{2,G1}}{dt} = J_{POC,G1} - k_{POC,G1} \theta_{POC,G1}^{T-20} H_2 POC_{2,G1} - w_2 POC_{2,G1} \qquad (3.242)$$

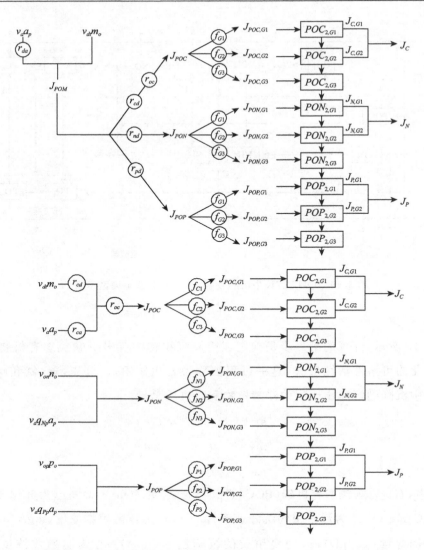

图 3.15　厌氧沉积物转变成溶解态碳(J_C)、氮(J_N)、磷(J_P)过程示意

式(3.242)中，H_2 为厌氧层厚度(m)；$POC_{2,G1}$ 为厌氧层中快反应的 POC 浓度(gO_2/m^3)；$J_{POC,G1}$ 为转移到厌氧层中的快反应 POC 通量[$gO_2/(m^2 \cdot d)$]；$k_{POC,G1}$ 为快反应的 POC 的矿化率(d^{-1})；$\theta_{POC,G1}$ 为快反应的 POC 矿化度的温度修正系数；w_2 为埋藏速率(m/d)。

稳态条件下，方程(3.242)解为：

$$POC_{2,G1} = \frac{J_{POC,G1}}{k_{POC,G1}\theta_{POC,G1}^{T-20}H_2 + v_b} \tag{3.243}$$

快反应的溶解态碳通量 $J_{C,G1}$[$gO_2/(m^2 \cdot d)$]，可通过下式计算：

$$J_{C,G1} = k_{POC,G1}\theta_{POC,G1}^{T-20}H_2 POC_{2,G1} \tag{3.244}$$

慢反应的溶解态有机碳的质量平衡方程可通过同样方式写出并求解。将求得的结果代入方程(3.227)，可得厌氧沉积物中产生的总溶解态碳的总通量：

$$J_C = J_{C,G1} + J_{C,G2} \tag{3.245}$$

氮($J_N[\text{gN}/(\text{m}^2 \cdot \text{d})]$)和磷($J_P[\text{gP}/(\text{m}^2 \cdot \text{d})]$)的矿化作用通量方程可通过类似方法列出并求解。

（2）氨氮

根据图 3.14 描述的反应机制，好氧层和厌氧层中的总氨氮质量平衡方程分别如下：

$$H_1 \frac{dNH_{4,1}}{dt} = \omega_{12}(f_{pa2}NH_{4,2} - f_{pa1}NH_{4,1}) + K_{L12}(f_{da2}NH_{4,2} - f_{da1}NH_{4,1})$$

$$- w_2 NH_{4,1} + s\left(\frac{n_a}{1000} - f_{da1}NH_{4,1}\right)$$

$$- \frac{\kappa_{NH4,1}^2}{s}\theta_{NH4}^{T-20}\frac{K_{NH4}}{K_{NH4} + NH_{4,1}}\frac{o}{2K_{NH4,O2} + o}f_{da1}NH_{4,1} \tag{3.246}$$

$$H_2 \frac{dNH_{4,2}}{dt} = J_N + \omega_{12}(f_{pa1}NH_{4,1} - f_{pa2}NH_{4,2}) + K_{L12}(f_{da1}NH_{4,1} - f_{da2}NH_{4,2})$$

$$+ w_2(NH_{4,1} - NH_{4,2}) \tag{3.247}$$

式（3.246）和（3.247）中，H_1 为好氧层厚度（m）；$NH_{4,1}$，$NH_{4,2}$ 分别为好氧层、厌氧层中总氨氮浓度（gN/m^3）；n_a 为上覆水中氨氮浓度（mgN/m^3）；$\kappa_{NH4,1}$ 为好氧沉积物中硝化反应速率（m/d）；θ_{NH4} 为硝化反应温度修正系数；K_{NH4} 为氨氮的半饱和常数（gN/m^3）；o 为上覆水中溶解氧浓度（gO_2/m^3）；$K_{NH4,O2}$ 为氧的半饱和常数（mgO_2/L）；J_N 为氨氮的矿化作用通量 $[\text{gN}/(\text{m}^2 \cdot \text{d})]$。

溶解态氨氮（f_{dai}）和颗粒态氨氮（f_{pai}）的比例含量计算公式如下：

$$f_{dai} = \frac{1}{1 + m_i\pi_{ai}} \tag{3.248}$$

$$f_{pai} = 1 - f_{dai} \tag{3.249}$$

式（3.248）中，m_i 为 i 层中的固体浓度（gD/m^3）；π_{ai} 为 i 层中氨氮的分配系数（m^3/gD）。

好氧层和厌氧层两层之间由于生物扰动造成沉积物颗粒混合的传质系数 ω_{12}（m/d）计算公式为：

$$\omega_{12} = \frac{D_p\theta_{Dp}^{T-20}}{H_2}\frac{POC_{2,G1}/r_\infty}{POC_R}\frac{o}{K_{M,Dp} + o} \tag{3.250}$$

式（3.250）中，D_p 为生物扰动扩散系数（m^2/d）；θ_{Dp} 为温度系数；POC_R 为生物扰动的 G1 参照浓度（gC/m^3）；$K_{M,Dp}$ 为生物扰动的氧半饱和常数（gO_2/m^3）。

两层间孔隙水扩散的传质系数 K_{L12}（m/d）计算公式为：

$$K_{L12} = \frac{D_d\theta_{Dd}^{T-20}}{H_2/2} \tag{3.251}$$

式（3.251）中，D_d 为孔隙水扩散系数（m^2/d）；θ_{Dd} 为温度系数。

水和好氧层沉积物间的迁移系数 s（m/d），计算公式为：

$$s = \frac{SOD}{o} \tag{3.252}$$

式(3.252)中,SOD 为沉积物中需氧量$[gO_2/(m^2 \cdot d)]$。

在稳态条件下,方程(3.229)和(3.230)可联立成非线性代数方程组。通过设定硝化作用的变量 $NH_{4,1}$ 为常数,可以将方程线性化。解线性方程组得到 $NH_{4,1}$ 和 $NH_{4,2}$。

沉积物向上覆水传输的氨氮通量计算公式为:

$$J_{NH4} = s\left(f_{da1} NH_{4,1} - \frac{n_a}{1000}\right) \tag{3.253}$$

(3)硝酸盐氮

好氧层和厌氧层中硝酸盐氮的质量平衡方程如下:

$$H_1 \frac{dNO_{3,1}}{dt} = K_{L12}(NO_{3,2} - NO_{3,1}) - w_2 NO_{3,1} + s\left(\frac{n_n}{1000} - NO_{3,1}\right)$$
$$+ \frac{\kappa_{NH4,1}^2}{s} \theta_{NH4}^{T-20} \frac{K_{NH4}}{K_{NH4} + NH_{4,1}} \frac{o}{2K_{NH4,O2} + o} f_{da1} NH_{4,1}$$
$$- \frac{\kappa_{NO3,1}^2}{s} \theta_{NO3}^{T-20} NO_{3,1} \tag{3.254}$$

$$H_2 \frac{dNO_{3,2}}{dt} = J_N + K_{L12}(NO_{3,1} - NO_{3,2}) + w_2(NO_{3,1} - NO_{3,2})$$
$$- \kappa_{NO3,2} \theta_{NO3}^{T-20} NO_{3,2} \tag{3.255}$$

式(3.254)和(3.255)中,$NO_{3,1}$,$NO_{3,2}$ 分别为好氧层、厌氧层中硝酸盐氮的浓度(gN/m^3);n_n 为上覆水中硝酸盐氮的浓度(mgN/m^3);$\kappa_{NO3,1}$,$\kappa_{NO3,2}$ 分别为好氧沉积物、厌氧沉积物中反硝化反应速率(m/d);θ_{NO3} 为反硝化温度修正系数。

类似地,将方程(3.229)和(3.230),(3.237)和(3.238)线性化,解出 $NO_{3,1}$ 和 $NO_{3,2}$。沉积物向上覆水传输的硝酸盐氮通量计算公式为:

$$J_{NO3} = s\left(NO_{3,1} - \frac{n_n}{1000}\right) \tag{3.256}$$

反硝化作用所需要碳源可通过如下化学方程式表示:

$$5CH_2O + 4NO_3^- + 4H^+ \rightarrow 5CO_2 + 2N_2 + 7H_2O \tag{3.257}$$

因此,碳的需求量(用氮的氧当量表示)计算公式为:

$$r_{ondn} = 2.67 \frac{gO_2}{gC} \frac{5molC \times 12gC/molC}{4molN \times 14gN/molN} \times \frac{1gN}{1000mgN} = 0.00286 \frac{gO_2}{mgN} \tag{3.258}$$

计算反硝化过程消耗的氧当量 $J_{O2,dn}[gO_2/(m^2 \cdot d)]$,

$$J_{O2,dn} = 1000 \frac{mgN}{gN} \times r_{ondn} \left(\frac{\kappa_{NO3,1}^2}{s} \theta_{NO3}^{T-20} NO_{3,1} + \kappa_{NO3,2} \theta_{NO3}^{T-20} NO_{3,2}\right) \tag{3.259}$$

(4)甲烷

矿化作用产生的溶解态碳可在厌氧沉积物中转化成甲烷,因为甲烷难溶于水,超过其饱和度时将产生甲烷气体,因此,不能直接建立厌氧层中的甲烷质量平衡方程。QUAL2K模型中采用 Di Toro 等(1990)提出的一个理论模型以确定溶解稳态的甲烷通量,经修正后以计算厌氧沉积物中的气体损失量。

首先,矿化作用的碳通量通过反硝化过程消耗的氧当量进行修正:

$$J_{CH4,T} = J_C - J_{O2,dn} \tag{3.260}$$

式(3.260)中,$J_{CH4,T}$ 为反硝化修正后的矿化碳通量,即以氧当量表示的总厌氧甲烷产生量。

如果 $J_{CH4,T}$ 足够大($\geqslant 2K_{L12}C_s$),将产生甲烷气体。在这种情况下,通过气体损失修正 $J_{CH4,T}$,

$$J_{CH4,d} = \sqrt{2K_{L12}C_s J_{CH4,T}} \tag{3.261}$$

式(3.261)中,$J_{CH4,d}$ 为厌氧沉积物中产生的并转移到好氧沉积物中的溶解态甲烷通量(用氧当量表示)[gO_2/(m^2 \cdot d)],C_s 为用氧当量表示的甲烷饱和浓度。若 $J_{CH4,T} < 2K_{L12}C_s$,无气体损失,

$$J_{CH4,d} = J_{CH4,T} \tag{3.262}$$

甲烷饱和浓度计算公式为:

$$C_s = 100\left(1 + \frac{H}{10}\right)1.024^{20-T} \tag{3.263}$$

式(3.263)中,H 为水深(m);T 为水温(℃)。

好氧层中的甲烷质量平衡方程如下:

$$H_1 \frac{dCH_{4,1}}{dt} = J_{CH4,d} + s(c_f - CH_{4,1}) - \frac{\kappa_{CH4,1}^2}{s}\theta_{CH4}^{T-20}CH_{4,1} \tag{3.264}$$

式(3.264)中,$CH_{4,1}$ 为好氧层中甲烷浓度(gO_2/m^3);c_f 为上覆水中的快反应碳质生化需氧量(CBOD)(gO_2/m^3);$\kappa_{CH4,1}$ 为好氧层中甲烷氧化反应速率(m/d);θ_{CH4} 为温度修正系数。

在稳定状态下,解平衡式(3.264)得到:

$$CH_{4,1} = \frac{J_{CH4,d} + sc_f}{s + \frac{\kappa_{CH4,1}^2}{s}\theta_{CH4}^{T-20}} \tag{3.265}$$

上覆水中的甲烷通量 J_{CH4}[gO_2/(m^2 \cdot d)]计算公式为:

$$J_{CH4} = s(CH_{4,1} - c_f) \tag{3.266}$$

(5)沉积物耗氧量(SOD)

沉积物耗氧量(SOD)[gO_2/(m^2 \cdot d)]等于甲烷氧化和硝化作用耗氧量的加和。

CSOD 和 NSOD 计算公式如下:

$$CSOD = \frac{\kappa_{CH4,1}^2}{s}\theta_{CH4}^{T-20}CH_{4,1} \tag{3.267}$$

$$NSOD = r_{on}\frac{\kappa_{NH4,1}^2}{s}\theta_{NH4}^{T-20}\frac{K_{NH4}}{K_{NH4} + NH_{4,1}}\frac{o}{2K_{NH4,O2} + o}f_{da1}NH_{4,1} \tag{3.268}$$

式(3.268)中，r_{on} 为硝化反应过程中消耗的氧氮比（$=4.57\ gO_2/gN$）。

（6）无机磷

总无机磷在好氧层和厌氧层的质量平衡方程为：

$$H_1 \frac{dPO_{4,1}}{dt} = \omega_{12}(f_{pp2}PO_{4,2} - f_{pp1}PO_{4,1}) + K_{L12}(f_{dp2}PO_{4,2} - f_{dp1}PO_{4,1})$$

$$- w_2 PO_{4,1} + s\left(\frac{p_i}{1000} - f_{da1}PO_{4,1}\right) \tag{3.269}$$

$$H_2 \frac{dPO_{4,2}}{dt} = J_P + \omega_{12}(f_{pp1}PO_{4,1} - f_{pp2}PO_{4,2}) + K_{L12}(f_{dp1}PO_{4,1} - f_{dp2}PO_{4,2})$$

$$+ w_2(PO_{4,1} - PO_{4,2}) \tag{3.270}$$

式(3.269)和(3.270)中，$PO_{4,1}$ 为好氧层的总无机磷浓度（gP/m^3）；$PO_{4,2}$ 为厌氧层的总无机磷浓度（gP/m^3）；p_i 为上覆水中的无机磷含量（mgP/m^3）；J_P 为磷矿化通量 $[gP/(m^2 \cdot d)]$。

溶解态磷（f_{dpi}）和颗粒态磷（f_{ppi}）的比例含量为：

$$f_{dpi} = \frac{1}{1 + m_i \pi_{pi}} \tag{3.271}$$

$$f_{ppi} = 1 - f_{dpi} \tag{3.272}$$

式(3.271)中，π_{pi} 为 i 层沉积物中无机磷的分配系数（m^3/gD）。

模型需人工输入厌氧层的无机磷分配系数。对于好氧层，若上覆水体的氧浓度超过临界浓度 o_{crit}（gO_2/m^3），分配系数应调大以代表吸附在羟基氧化铁上的磷，具体如下式：

$$\pi_{p1} = \pi_{p2}(\Delta\pi_{PO4,1}) \tag{3.273}$$

式(3.273)中，$\Delta\pi_{PO4,1}$ 为因子，以与厌氧层相比，进一步提高好氧层的分配系数。

如果氧气浓度低于 o_{crit}，分配系数会平稳下降，直至等于氧浓度为 0 值时的厌氧分配系数，

$$\pi_{p1} = \pi_{p2}(\Delta\pi_{PO4,1})^{o/o_{crit}} \tag{3.274}$$

求解方程(3.269)和(3.270)，可分别得到 $PO_{4,1}$ 和 $PO_{4,2}$。则沉积物向上覆水传输的磷通量计算公式为：

$$J_{PO4} = s\left(PO_{4,1} - \frac{p_i}{1000}\right) \tag{3.275}$$

（7）求解方法

上述方程均可解，但由于方程间的相互依存，单解其中的任何一个方程都不会产生正确的结果。例如，表面迁移系数取决于沉积物需氧量（SOD），SOD 值则取决于氨氮和甲烷浓度，而氨氮和甲烷浓度本身则需基于质量平衡计算得出。因此，需使用迭代方法进行求解。Q2K 模型的求解步骤为：

a. 确定矿化通量 J_C，J_N 和 J_P；

b. 初始估计 SOD 值,

$$SOD_{init} = J_C + r'_{on} J_N \tag{3.276}$$

式(3.276)中,r'_{on} 为氧气与通过硝化/反硝化作用转化为氮气消耗的总氮的比例($=1.714$ gO₂/gN)。r'_{on} 表征了反硝化作用中利用的碳量。

c. 计算 s 值,

$$s = \frac{SOD_{init}}{o} \tag{3.277}$$

d. 解出氨氮、硝酸盐氮和甲烷含量,并计算 $CSOD$ 值和 $NSOD$ 值;

e. 基于以下加权平均方程,对 SOD 值进行修正,

$$SOD = \frac{SOD_{init} + CSOD + NSOD}{2} \tag{3.278}$$

f. 计算近似相对误差,核对收敛系数,

$$\varepsilon_a = \left| \frac{SOD - SOD_{init}}{SOD} \right| \times 100\% \tag{3.279}$$

g. 如果 ε_a 大于终止条件 ε_s,令 $SOD_{init} = SOD$,并返回到步骤 b;

h. 如果达到收敛条件($\varepsilon_a \leqslant \varepsilon_s$),则计算无机磷浓度;

i. 计算氨氮、硝酸盐氮、甲烷和磷酸盐通量。

(8)补充通量

由于在夏天的稳流时段前(如春季径流期间)有机质沉降的存在,可能会有颗粒有机物的沉降通量不足以产生 SOD 值的情况。在此情况下的 SOD 的补充通量可定义为:

$$SOD_t = SOD + SOD_s \tag{3.280}$$

式(3.280)中,SOD_t 为总沉积物需氧量[gO₂/(m² · d)];SOD_s 为补充 SOD 值[gO₂/(m² · d)]。QUAL2K 模型规定氨氮和甲烷通量可以用来补充计算通量。

(9)沉积物—水体热量交换

尽管对于较深的水体,其沉积物和水之间的热交换通常可忽略不计,但沉积物-水体热量交换对于浅流的热平衡产生仍可能有重要影响。因此,QUAL2K 模型中考虑了沉积物与水之间的热交换过程。由于沉积物常以水下的垂直分层系统表示,采用通常的传热计算方法在计算沉降层间、沉降物和水间的热量交换时计算负担很大,难以直接实现。QUAL2K 模型中采用集式的计算方法,该方法计算效率较高,与分布式方法相比,其结果接近。

采用热传导方程描述沉积物中垂向温度分布:

$$\frac{\partial T}{\partial t} = \alpha \frac{\partial^2 T}{\partial x^2} \tag{3.281}$$

模型边界条件如下:

$$T(0,t) = \overline{T} + T_a \cos[\omega(t-\phi)] \tag{3.282}$$
$$T(\infty,t) = \overline{T}$$

式(3.281)和(3.282)中，T 为沉积物温度(℃)；t 为时间 (s)；α 为沉积物热扩散率(m²/s)；$\overline{T}$ 为上覆水的平均温度 (℃)；T_a 为上覆水温度的振幅(℃)；ω 为频率(s^{-1})，$\omega = 2\pi/T_p$；T_p 为周期(s)；ϕ 为相位滞后(s)。

第一个边界条件定义了在沉积物与水的交界面为一个正弦狄利克雷边界条件；第二个边界条件定义在极限深度处温度恒定。值得注意的是，表面正弦曲线和更低处恒定温度的平均值是相同的。

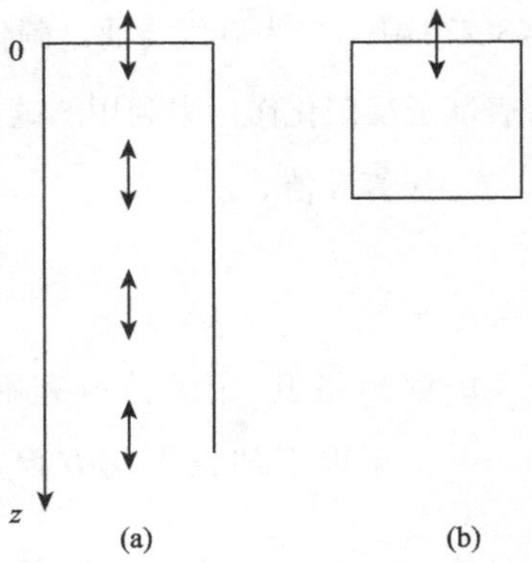

应用边界条件，方程(263)可解得(Carslaw 等,1959)：

$$T(z,t) = \overline{T} + T_a e^{-\omega' z} \cos[\omega(t-\phi) - \omega' z] \tag{3.283}$$

图 3.16　交替的沉积物
(a)分布式；(b)集总式

式(3.283)中，z 为沉积物深度(m)，在沉积物与水接触面上，有 $z=0$，z 向下增加；ω'(m^{-1}) 定义为：

$$\omega' = \sqrt{\frac{\omega}{2\alpha}} \tag{3.284}$$

将方程(3.283)求导代入傅里叶定律，可得出沉积物与水面之间的热通量，并评估沉积物与水交界面($z=0$)的通量结果：

$$J(0,t) = \rho C_p \sqrt{\omega \alpha} T_a \cos[\omega(t-\phi) + \pi/4] \tag{3.285}$$

式(3.285)中，$J(0,t)$ 为热通量(W/m²)。

另一种方法是使用一阶集总式模型：

$$H_{sed} \rho_s C_{ps} \frac{dT_s}{dt} = \frac{\alpha_s \rho_s C_{ps}}{H_{sed}/2}[\overline{T} + T_a \cos[\omega(t-\phi)] - T_s] \tag{3.286}$$

式(3.286)中，H_{sed} 为沉积物层的厚度[m]；ρ_s 为沉积物密度(kg/m³)；C_{ps} 为沉积物比热 [J/(kg · ℃)]。整理上式，有：

$$\frac{dT}{dt} + k_h T = k_h \overline{T} + k_h T_a \cos[\omega(t-\phi)] \tag{3.287}$$

其中，

$$k_h = \frac{2\alpha_s}{H_{sed}^2} \tag{3.288}$$

经过初始状态后，计算方程可得：

$$T = \overline{T} + \frac{k_h}{\sqrt{k_h^2 + \omega^2}} T_a \cos[\omega(t-\phi) - \tan^{-1}(\omega/k_h)] \tag{3.289}$$

进一步可得热通量：

$$J = \frac{2\alpha}{H_{sed}}\rho C_p T_a \left[\cos[\omega(t-\phi)] - \frac{k_h}{\sqrt{K_H^2 - \omega^2}}\cos[\omega(t-\phi)] - \tan^{-1}(\omega/k_h) \right] \quad (3.290)$$

可见，若单层的深度设定为：

$$H_{sed} = \frac{1}{\omega'} \quad\quad\quad\quad\quad (3.291)$$

此时求解方程可得到相同的结果。

水质模型通常考虑年、周和昼夜的周期变化，设定 $\alpha = 0.0035 \text{ cm}^2/\text{s}$（Hutchinson，1957），此时单层沉积物深度可分别设定成 2.2 m，30 cm 和 12 cm 以响应周期变化。考虑到 QUAL2K 模型主要解决昼夜周期内的水质变化过程，所以模型中沉积物层厚度的默认数值设为 12 cm。考虑到河流沉积物热力学性质的不确定性特征，在使用模型的时候，可选定 10 cm 作为一个适当的初始估计。

3.4　模型参数表

QUAL2K 模型数学公式中所涉及变量符号及其详细说明汇总见下表。

表 3.10　QUAL2K 模型变量汇总

符号	QUAL2K 模型中的具体含义	单位
$A_{acres,i}$	单元 i 的水面表面积	acre
$[CO_2]_s$	二氧化碳饱和浓度	mol/L
$[CO_3^{2-}]$	碳酸根离子浓度	mol/L
$[H^+]$	水合氢离子浓度	mol/L
$[H_2CO_3{}^*]$	溶解态二氧化碳和碳酸总浓度	mol/L
$[HCO_3^-]$	碳酸氢根离子浓度	mol/L
$[OH^-]$	氢氧根离子浓度	mol/L
a	水位流速关系曲线系数	无量纲
a''	大气散射和吸收后透射平均系数	无量纲
a'	大气透射平均系数	无量纲
a_1	大气分子辐射传输的散射系数	无量纲
A_a	大气长波辐射系数	无量纲
A_b	大气长波辐射系数	$\text{mmHg}^{-0.5}$ 或 $\text{mb}^{-0.5}$
a_b	底栖藻类生物量	mgA/m^2
A_c	断面面积	m^2
a_d	大坝复氧水质修正系数	无量纲

续表

符号	QUAL2K 模型中的具体含义	单位
Alk	碱度	eq L^{-1}或 mgCaCO$_3$/L
a_p	浮游植物浓度	mgA/m^3
a_t	大气衰减系数	无量纲
a_{tc}	大气透射系数	无量纲
B	计算单元平均河宽	m
b	水位流速关系曲线指数	无量纲
B_0	底宽	m
b_d	大坝类型复氧修正系数	无量纲
c_1	Bowen 系数	0.47 mmHg/℃
c_f	快反应碳质生化需氧量	mgO$_2$/L
$C_{gb}(T)$	温度相关的最大光合作用速率	mgA/(m^2 · d)
$CH_{4,1}$	有氧沉积物层甲烷浓度	gO$_2$/m^3
C_L	云盖度	无量纲
$c_{nps,i,j}$	单元 i 第 j 个非点源排放浓度	℃
C_p	水的比热容	cal/(g · ℃)
$c_{ps,i,j}$	单元 i 第 j 个点源排放浓度	℃
c_s	慢反应碳质生化需氧量	mgO$_2$/L
C_s	甲烷饱和浓度	mgO$_2$/L
$CSOD$	甲烷氧化耗氧量	gO$_2$/(m^2 · d)
c_T	总无机碳含量	mol/L
$c'_{T,i-1}$	坝下水体单元二氧化碳入流浓度	mgO$_2$/L
d	沙尘衰减系数	无量纲
D_d	孔隙水扩散系数	m^2/d
D_p	生物扰动扩散系数	m^2/d
E'_i	i 与 $i+1$ 单元间的总弥散系数	m^3/d
e_{air}	大气蒸汽压	mm Hg
$elev$	海拔高度	m
E_n	数值弥散	m^2/d
$E_{p,i}$	i 与 $i+1$ 单元间的纵向弥散系数	m^2/s
$eqtime$	真太阳时差:在参考经度时区太阳时和真太阳时的差值	min
es	水面处的饱和蒸汽压	mmHg
f	光照周期	d 或 h
f_{dai}	i 沉积物层中溶解态氨氮的比例	无量纲

符号	QUAL2K 模型中的具体含义	单位
f_{dpi}	i 沉积物层溶解态无机磷的比例	无量纲
F_{Lp}	浮游植物生长光照衰减率	无量纲
F_{oxc}	低氧条件下碳质生化需氧量氧化的衰减率	无量纲
F_{oxdn}	低氧状态对反硝化作用的影响率	无量纲
F_{oxna}	低氧衰减率	无量纲
F_{oxrb}	低氧衰减率	无量纲
F_{oxrp}	低氧衰减率	无量纲
f_{pai}	i 沉积物层颗粒态氨氮的比例	无量纲
f_{ppi}	i 沉积物层颗粒态无机磷的比例	无量纲
F_u	非离子态氨氮占总氨氮的比例	无量纲
g	重力加速度	$=9.81\ m/s^2$
gX	元素 X 的质量	g
H	水深	m
H_d	溢流堰上下水位落差	m
H_i	i 沉积物层的厚度	m
H_{sed}	沉积物厚度	cm
$I(0)$	水面净太阳短波辐射	$cal/(cm^2 \cdot d)$
I_0	大气层外太阳辐射	$cal/(cm^2 \cdot d)$
J_{an}	净大气长波辐射量	$cal/(cm^2 \cdot d)$
J_{br}	来自水面的长波逆辐射	$cal/(cm^2 \cdot d)$
J_c	热传导通量	$cal/(cm^2 \cdot d)$
$J_{C,G1}$	易反应溶解态碳通量	$gO_2/(m^2 \cdot d)$
J_{CH4}	从沉积物层到上覆水的甲烷通量	$gO_2/(m^2 \cdot d)$
$J_{CH4,d}$	厌氧沉积物中产生的并转移到好氧沉积物中的溶解态甲烷通量	$gO_2/(m^2 \cdot d)$
$J_{CH4,T}$	反硝化修正后的矿化碳通量(以氧当量表示的总厌氧甲烷产生量)	$gO_2/(m^2 \cdot d)$
J_e	水面蒸发热通量	$cal/(cm^2 \cdot d)$
J_a	空气-水热通量	$cal/(cm^2 \cdot d)$
J_N	氮矿化作用通量	$gN/(m^2 \cdot d)$
$J_{O2,dn}$	反硝化过程氧当量消耗	$gO_2/(m^2 \cdot d)$
J_P	磷矿化作用通量	$gP/(m^2 \cdot d)$
$J_{POC,G1}$	转移到厌氧层中的易反应颗粒态有机质通量	$gO_2/(m^2 \cdot d)$
J_{POM}	腐殖质碎屑或有机颗粒物下沉通量	$gD/(m^2 \cdot d)$
J_{si}	沉积物-水热通量	$cal/(cm^2 \cdot d)$

符号	QUAL2K 模型中的具体含义	单位
J_{sn}	净太阳短波辐射量	$cal/(cm^2 \cdot d)$
$k(T)$	温度依赖一阶反应速率	d^{-1}
K_1	离解碳酸的酸度常数	无量纲
K_2	离解碳酸氢盐的酸度常数	无量纲
K_a	氨氮离解平衡系数	无量纲
$k_a(T)$	温度依赖的氧气再曝气系数	d^{-1}
$k_{ac}(T)$	温度依赖的二氧化碳再曝气系数	d^{-1}
$k_{db}(T)$	温度依赖的底栖藻类死亡率	d^{-1}
$k_{dc}(T)$	温度依赖的碳质生化需氧量的氧化率	d^{-1}
$k_{dn}(T)$	温度依赖的反硝化速率	d^{-1}
$k_{dp}(T)$	温度依赖的浮游植物的死亡率	d^{-1}
$k_{dt}(T)$	温度依赖的腐殖质碎屑溶解速率	d^{-1}
$k_{dX}(T)$	温度依赖的病原体死亡速率	d^{-1}
k_e	水体消光系数	m^{-1}
k_{eb}	水体水色背景消光系数	m^{-1}
$k_{gp}(T)$	T℃时最大的光合作用速率	d^{-1}
K_H	亨利常数	$mol/(L \cdot atm)$
$k_{hc}(T)$	温度依赖慢反应碳质生化需氧量水解速率	d^{-1}
$k_{hn}(T)$	温度依赖有机氮水解速率	d^{-1}
k_{hnxb}	底栖藻类氨氮偏好系数	mgN/m^3
k_{hnxp}	浮游植物氨氮偏好系数	mgN/m^3
$k_{hp}(T)$	温度依赖有机磷水解速率	d^{-1}
K_{L12}	孔隙水扩散迁移系数	m/d
K_{Lb}	底栖藻类光照参数	无量纲
K_{Lp}	浮游植物光照参数	ly/d
$K_{M,Dp}$	生物扰动作用氧气半饱和常量	gO_2/m^3
$k_{na}(T)$	与温度有关的氨氮硝化速率	d^{-1}
K_{NH4}	氨氮半饱和常量	gN/m^3
$K_{NH4,O2}$	氧气半饱和常量	mgO_2/L
$k_{POC,G1}$	易反应颗粒态有机质的矿化速率	d^{-1}
$k_{rb}(T)$	温度依赖的底部藻类呼吸速率	d^{-1}
$k_{rp}(T)$	与温度有关的浮游植物呼吸/排泄率	d^{-1}
k_{sNb}	底栖藻类氮半饱和常量	$\mu gN/L$

符号	QUAL2K 模型中的具体含义	单位
k_{sNp}	浮游植物氮半饱和常量	$\mu gN/L$
K_{socf}	快反应碳质生化需氧量对氧气依赖性参数	无量纲
K_{sodn}	反硝化对氧气依赖性参数	无量纲
K_{sona}	硝化作用的氧气依赖性参数	无量纲
k_{sPb}	底栖藻类磷半饱和常量	$\mu gP/L$
k_{sPp}	浮游植物磷半饱和常量	$\mu gP/L$
K_w	水离解的酸性常数	无量纲
L_{at}	纬度	rad
L_{lm}	当地子午线经度	rad
$localtime$	当地标准时间	min
L_{sm}	标准子午线经度	rad
m	光学空气质量	无量纲
mgY	Y 物质的质量	mg
m_i	无机悬浮物浓度	mgD/L
m_i	i 层沉积物层固体物质浓度	gD/m^3
m_o	碎屑浓度	mgD/L 或 gD/m^3
n	曼宁糙率系数	无量纲
n_a	上覆水的铵根离子浓度	mgN/m^3
n_{au}	未电离的氨氮分子浓度	mgN/m^3
n_{fac}	大气浑浊度系数	无量纲
$NH_{4,i}$	i 层沉积物层铵盐浓度	gN/m^3
n_n	上覆水的硝酸盐浓度	mgN/m^3
n_o	有机氮	mgN/m^3
$NO_{3,i}$	i 层硝酸盐浓度	gN/m^3
$npai$	单元 i 总取水非点源数量	无量纲
$npsi$	单元 i 总排水非点源数量	无量纲
NSOD	硝化作用需氧量	$gO_2/(m^2 \cdot d)$
o	上覆水溶解氧浓度	mgO_2/L 或 gO_2/m^3
o'_{i-1}	单元入流水氧气浓度	mgO_2/L
o_{crit}	沉积物上覆水影响磷吸附的临界氧浓度	gO_2/m^3
$o_s(T, elev)$	T 温度、$elev$ 海拔高度时的饱和氧气浓度	mgO_2/L
P	湿周	m
P_{ab}	底栖藻类氨氮类氮源偏好系数	无量纲

符号	QUAL2K 模型中的具体含义	单位
pai	单元 i 总取水点源数量	无量纲
P_{ap}	浮游植物氨氮类氮源偏好系数	无量纲
$PAR(z)$	水深 z 以下，光合作用有效辐射值	ly/d
p_{atm}	大气压	mmHg
p_{CO_2}	二氧化碳的大气分压	atm
p_i	无机磷	μgP/L
p_i	上覆水的无机磷含量	mgP/m^3
p_o	有机磷	μgP/L
$PO_{4,i}$	i 沉积物层总无机磷浓度	gP/m^3
$POC_{2.G1}$	厌氧沉积物层中易反应颗粒态有机碳浓度	gO$_2$/m^3
POC_R	参考生物扰动作用易反应颗粒态有机物通量	gC/m^3
psi	i 单元总点源数量	无量纲
p_{uc}	日均大气可降水量	mm
Q	流量	m^3/s 或 m^3/d
$Q_{out,i}$	由于点源和非点源，单元 i 的总流出量	m^3/d

第②部分

QUAL2K模型的安装与应用

第 4 章　系统需求与模型安装

　　QUAL2K 模型数值计算模块以 Fortran 90 语言编写实现,以提高模型执行效率、快速得到水质结果。模型界面直接借用 Microsoft Excel 软件,所有的参数和数据输入、输出和模型运行操作均在 Excel 工作表中执行,采用 Excel 宏语言编写实现。QUAL2K 模型在硬件方面的最低配置要求是:英特尔或与英特尔兼容的奔腾处理器,64MB 内存,XGA 或 SVGA 显示器,分辨率不低于 800×600。模型使用的工作目录有足够的储存空间。软件方面的最低要求是需要安装 Windows ME/2000/XP 或更高版本,以及 MS Office 2000 或更高版本。

　　QUAL2K 模型软件的获取和安装说明具体如下。

　　(1)通过互联网进入美国环保局流域与水质模拟支持技术中心(Watershed and Water Quality Modeling Technical Support Center)的软件下载页面(http://www.epa.gov/athens/wwqtsc/index.html),获取 QUAL2K 模型软件文档,按指示下载压缩文件"Q2Kv2_11b8.zip"。

　　(2)复制 Q2Kv2_11b8.zip 文件到目标路径下(如 C:\),解压缩文件至子文件夹 Q2Kv2_11。解压后的文件夹中包括三个文件:Q2KDocv2_11b8.doc,Q2KMasterv2_11b8.xls 和 Q2KFortran2_11.exe。

　　"Q2KDocv2_11b8.doc"文件是模型的技术文档。

　　"Q2KMasterv2_11b8.xls"文件是 Q2K 输入和输出的界面。

　　"Q2KFortran2_11.exe"文件是实际执行模型计算的 Fortran 可执行文件。

　　注意:Q2KMasterv2_11b8.xls 和 Q2KFortran2_11.exe 两个文件都必须在同一个目录下模型才能正常运行。当运行模型时,Fortran 可执行文件将自动创建若干辅助文件用于与 Excel 的信息交换。

小贴士:不要删除.zip 压缩文件。如果因某些原因或以某种方式修改 Q2KMasterv*.xls 文件,以致模型无法使用,可使用.zip 文件重新安装模型。

---

　　(3)在 C:\Q2Kv2_11 文件夹下创建名称为 DataFiles 的子目录。

　　(4)打开 Excel 并确保宏安全级别设置为"中"(图 4.1)。这可以通过菜单设定:工具→宏→安全。确保选定"Medium(中等)"单选按钮。

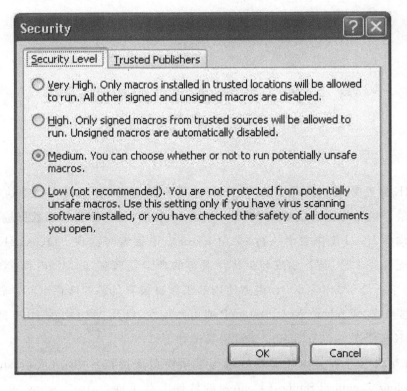

图 4.1　宏安全级别设置

(5)双击打开"Q2KMasterFortranv2_11. xls"文件。此时,宏安全对话框将显示如图 4.2 所示。

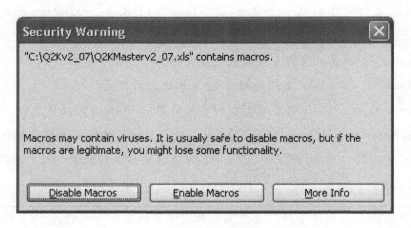

图 4.2　宏安全对话框

(6)在 QUAL2K 工作表的 B10 单元格输入 DataFiles 目录路径(如"C:\QUAL2K\Data-Files"),如图 4.3 所示。

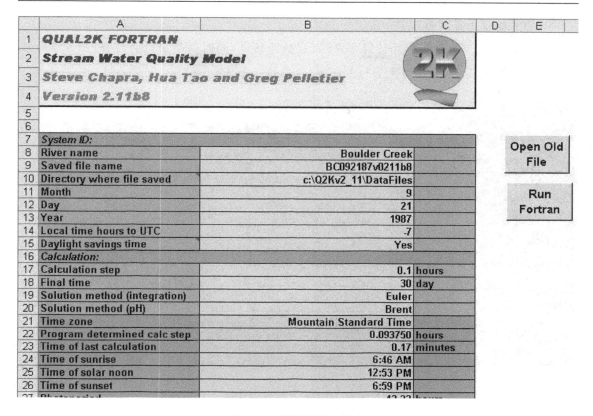

	A	B	C	D	E
1	**QUAL2K FORTRAN**				
2	**Stream Water Quality Model**				
3	**Steve Chapra, Hua Tao and Greg Pelletier**				
4	**Version 2.11b8**				
5					
6					
7	*System ID:*				
8	River name	Boulder Creek			
9	Saved file name	BC092187v0211b8			
10	Directory where file saved	c:\Q2Kv2_11\DataFiles			
11	Month	9			
12	Day	21			
13	Year	1987			
14	Local time hours to UTC	-7			
15	Daylight savings time	Yes			
16	*Calculation:*				
17	Calculation step	0.1	hours		
18	Final time	30	day		
19	Solution method (integration)	Euler			
20	Solution method (pH)	Brent			
21	Time zone	Mountain Standard Time			
22	Program determined calc step	0.093750	hours		
23	Time of last calculation	0.17	minutes		
24	Time of sunrise	6:46 AM			
25	Time of solar noon	12:53 PM			
26	Time of sunset	6:59 PM			

图 4.3　QUAL2K 工作表

（7）单击"Run Fortran"按钮。

①如果程序不能正常运行

程序无法正常运行主要有两个原因。首先，可能使用了较老版本的 Microsoft Office。虽然 Excel 是向下兼容一些早期版本的，但是 Q2K 在老版本的 Microsoft Office 环境下不会正常运行。其次，可能在实施上述步骤时出错。常见的错误是在 B10 输入了错误的文件路径。例如，若错误路径为"C:\Q2KFortranv2_11\DataFles"，此时会收到错误消息提示（图 4.4）。

图 4.4　错误信息提示

如果发生这种情况，请单击"OK"，停止运行并回到 QUAL2K 工作表，修改文件路径。

②如果程序正常运行

QUAL2K 模型将开始调用计算程序，正式执行计算，同时一个窗口会打开（图 4.5），方便用户根据屏幕提示，跟踪模型运行的进展。

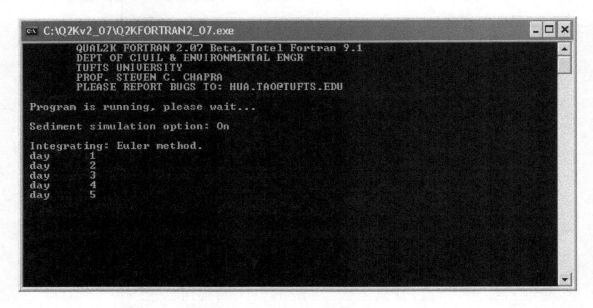

图 4.5　QUAL2K 模型运行窗口

QUAL2K 程序自带的案例数据模拟了一条单一河流的水质变化情况。如果程序正常，在运行完成时下面的对话框将出现（图 4.6）：

图 4.6　程序正常运行完成对话框

单击"OK"按钮，将显示下面的对话框（图 4.7）：

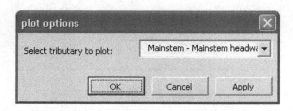

图 4.7　选择河流或水系对话框

对话框允许用户选择想选择绘图的部分河流水系。如图 4.7 所示，默认选项为河流干流。单击"OK"按钮，可以查看干流的流程时间变化。请注意，当单击"OK"按钮时所有的图表都将更新。

Plot another Tributary

单击屏幕左上角的按钮（图 4.8），切换到查看支流的图表，显示图表选项对话框，然后在下拉列表可以选择另一条支流。

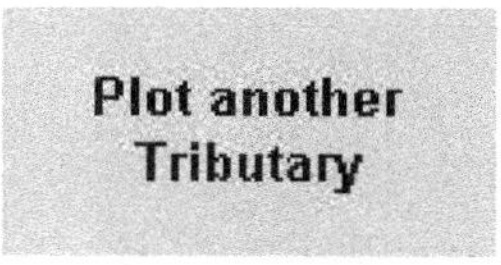

图 4.8　"绘制另一条支流"按钮

（8）在 QUAL2K 工作表中单击"Open Old File"按钮，浏览目录"C:\Q2KFortranv2_11\DataFiles"。可以看到程序已经按照单元格 B9 中指定的文件名创建了一个新文件（如案例所示，具体文件名称为"bogusexample. q2k"）。单击"Cancel"回到 Q2K。

注意，每次 Q2K 程序运行时，将会创建以一个 QUAL2K 工作表单元格 B9 中指定的文件名命名的文件，程序自动添加后缀 . q2k 到文件名。因为这将覆盖先前的文件，所以当执行一个新的运算时一定要更改文件名。

第 5 章　模型使用指南

5.1　界面基本说明

　　QUAL2K 模型计算的代码用 VBA 语言实现（Visual Basic for Application），直接采用 Excel 的图形化界面。Excel 工作表中以不同的底色提示了单元格数据的具体类型。

　　（1）浅蓝：需要用户输入的模型变量和模型参数。

　　（2）淡黄：需要用户输入的水文、水质监测数据，相关数据随后会在 Q2K 程序生成的图表上标示。

　　（3）淡绿：Q2K 模型将自动输出结果，用户不需要额外输入。

　　（4）其他：用于数据标识，不得更改。

　　所有的工作表都有两个按钮"Open Old File（打开已有文件）"和 "Run Fortran（执行 Fortran）"：

　　（1）单击"Open Old File"按钮，文件浏览器将自动打开，用户可选择读取一个 QUAL2K 数据文件（数据文件的后缀名为 .q2k）。

　　（2）单击"Run Fortran"按钮，将执行 Q2K 程序并创建一个含有输入变量的数据文件。该数据可随后通过"打开已有文件"按钮进行访问。

图 5.1　"打开已有文件"和"执行 Fortran"按钮

5.2　项目基本信息表

　　QUAL2K 工作表用以输入模型工程应用相关的一般性信息，如图 5.2 所示。

　　需要用户输入的主要信息具体如下：

　　River name：河流名称，QUAL2K 模型模拟的河流或河段名称。模型运行后，河流名称将在所有的图表上标示。

　　Saved file name：保存文件名，QUAL2K 运行时生成的数据文件名称。

　　Directory where file saved：文件存储路径，QUAL2K 运行时生成的数据文件保存的完整目录路径。

　　Month：模拟月份，以数字格式输入（如，一月＝1，二月＝2，等）。

　　Day：模拟的日期，以数字格式输入。

　　Year：模拟的年份，以数字格式输入。

　　Local time hours to UTC：当地时间与协调世界时间（UTC）的差值。用户可在"Time zone"工作表中根据自己所在的时区，获得当地时间与 UTC 的时差关系。

　　Daylight savings time：是否考虑夏令时调整。下拉菜单允许用户设定是否采用夏令时（Yes 或 No）。

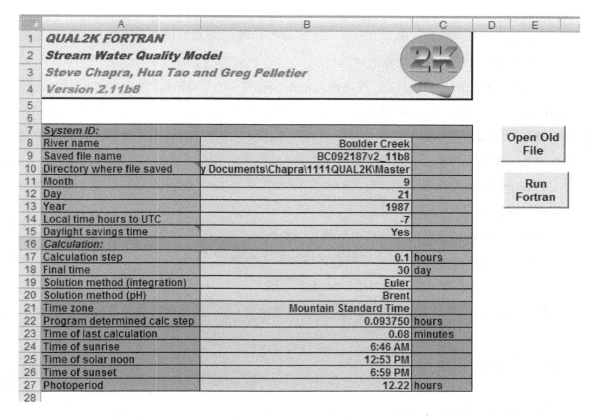

图 5.2　QUAL2K 工作表

　　Calculation step：计算的时间步长。模型计算的时间步长应小于或等于 4 h，如果输入大于 4 h 的值，程序将自动将其设定为 4 h，以保证获得足够多数量的数据点来绘制平滑的日过程曲线。

　　Final time：模拟的终止时间。模型计算的终止时间应为大于或等于 2 的整数，以保证模型在模拟随时间变化的水质变化模式时达到稳定状况。QUAL2K 默认将模拟的第一天按照设定初始状态运行进行模型预热，如用户输入一个小于 2 d 的时间，则程序自动将终止时间设定为 2 d。此外,还应注意终止时间应至少为河流行程时间的 2 倍。对于行程时间较短的河流,如需模拟底栖藻类,则终止时间还应适当加长。

Solution method(integration):积分求解算法。用户可从一个下拉列表中选择积分求解方法,包括欧拉(Euler)法和龙格库塔(Runge-Kutta)法两种方法。

Solution method(pH):pH 值的求解算法。用户可从一个下拉列表中选择 pH 值的求解算法,包括二分法(Bisection)、牛顿—拉普森(Newton-Raphson)法和布伦特(Brent)法等三种方法。

用户设定完成以上信息后,若单击"Run Fortran"按钮,程序将自动完成工作表中以下内容的设置:

Time zone:所在时区。根据"Local time hours to UTC"中填写的当地时间与协调世界时间(UTC)的时差,确定当地所在的时区。

Program determined calc step:程序确定的最佳计算步长。QUAL2K 程序将根据"Calculation step"中用户输入的建议时间步长重新核定计算步长,并将其四舍五入至最接近的 6 位小数。若需采用较小的时间步长进行模型计算,应将"Calculation step"中的建议计算时间步长定为一个较小的值。

Time of last calculation:上次计算耗时。QUAL2K 程序将自动显示上一次模拟计算所需要的时间。

Time of sunrise:程序确定的模拟区域日出时间。

Time of solar noon:程序确定的模拟区域太阳正午时间。

Time of sunset:程序确定的模拟区域日落时间。

Photoperiod:光照周期。程序确定的区域日照时间(等于日出时间和日落时间的差值)。

5.3　河源工作表

"Headwater(河源)工作表"用以输入河网系统上边界的入流和水质信息(图 5.3)。

需要用户输入的主要信息具体如下:

Number of Headwaters:河源的个数。用户应输入模拟的河网系统中河源的个数。如模拟的河流系统仅有一个河源,即 Number of Headwaters=1 则只需在 Mainstem headwater 标签下面的单元格按照提示补充完整相关信息;如河网系统存在多个河源,即 Number of Headwaters>1 则需要同时在 Mainstem headwater 和 Headwater 1(Tributary n)下面的单元格将信息补充完整。

Flow Rate:源头水流量。

Elevation：河源河道的高程。

水力学特征参数的设定有以下三种方法可供选择。一个重要的提示是，如果选择了某种方法，应将另一种方法的单元格留空或设置为 0 值：

1	**QUAL2K**											
2	**Stream Water Quality Model**											
3	**Boulder Creek (9/21/1987)**			Open Old File					Run Fortran			
4	**Headwater Data:**											
5												
6	Number of Headwaters		1									
7	**Headwater 0 (Mainstem)**											
8	Headwater label	Reach No	Flow	Elevation			Weir			Rating Curves		
9			Rate		Height	Width	adam	bdam	Velocity		Depth	
10			(m³/s)	(m)	(m)	(m)			Coefficient	Exponent	Coefficient	Exponent
11	Mainstem headwater	1	0.713	1562.000	0.0000	0.0000	1.2500	0.9000	0.0000	0.000	0.0000	0.000
12	*Water Quality Constituents*	*Units*	*12:00 AM*	*1:00 AM*	*2:00 AM*	*3:00 AM*	*4:00 AM*	*5:00 AM*	*6:00 AM*	*7:00 AM*	*8:00 AM*	*9:00 AM*
13	Temperature	C	14.99	14.21	13.52	12.96	12.57	12.38	12.40	12.63	13.06	13.65
14	Conductivity	umhos	276.42	277.23	279.22	282.26	286.14	290.60	295.33	300.02	304.33	307.98
15	Inorganic Solids	mgD/L	11.96	12.14	12.08	11.79	11.28	10.58	9.76	8.85	7.93	7.05
16	Dissolved Oxygen	mg/L	6.98	6.98	7.08	7.25	7.49	7.79	8.12	8.46	8.79	9.09
17	CBODslow	mgO2/L	2.68	2.68	2.68	2.68	2.68	2.68	2.68	2.68	2.68	2.68
18	CBODfast	mgO2/L										
19	Organic Nitrogen	ugN/L	1607.23	1615.82	1628.15	1643.38	1660.48	1678.27	1695.56	1711.15	1723.98	1733.19
20	NH4-Nitrogen	ugN/L	166.17	162.36	157.04	150.57	143.39	136.00	128.89	122.55	117.41	113.83
21	NO3-Nitrogen	ugN/L	171.33	176.60	181.11	184.57	186.72	187.44	186.67	184.45	180.95	176.40
22	Organic Phosphorus	ugP/L	59.06	63.12	65.93	67.28	67.08	65.36	62.22	57.89	52.65	46.86
23	Inorganic Phosphorus (SRP)	ugP/L	30.00	30.00	30.00	30.00	30.00	30.00	30.00	30.00	30.00	30.00
24	Phytoplankton	ugA/L										
25	Internal Nitrogen (INP)	ugN/L										
26	Internal Phosphorus (IPP)	ugP/L										
27	Detritus (POM)	mgD/L	1.29	1.43	1.54	1.61	1.65	1.63	1.58	1.48	1.36	1.21
28	Pathogen	cfu/100 mL										
29	Alkalinity	mgCaCO3/L	90.91	91.18	91.93	93.09	94.60	96.35	98.22	100.09	101.82	103.30
30	Constituent i											
31	Constituent ii											
32	Constituent iii											
33	pH	s.u.	7.33	7.21	7.13	7.10	7.12	7.19	7.30	7.44	7.61	7.80
34	**Headwater 1 (Tributary 1)**											
35	Headwater label	Reach No	Flow	Elevation			Weir			Rating Curves		

图 5.3　Headwater 工作表

Weir：溢流堰。如输入溢流堰的 Height（高度）和 Width（宽度）值，则 QUAL2K 模型程序将启动溢流堰选项进行水动力特征的计算。

Rating Curves：关系曲线法。若 QUAL2K 程序判断溢流堰的高度和宽度设置为 0 值，但用户输入了 Velocity（流速）和 Depth（水深）的指数（Exponent）和系数（Coefficient），则模型程序将依据流量关系曲线选项根据流量确定水深和流速。

Manning Formula：曼宁公式法。如果上述条件均未输入，QUAL2K 程序将使用曼宁方程进行水力学计算，此时应根据河道地形特征在对应的单元格输入以下信息：

- Channel Slope：河床比降。
- Manning n：曼宁糙率系数，为表征河床糙率的无量纲值，对于无杂草的人口河道取值 0.012～0.03，对于天然河道取值 0.025～0.2。对于天然河道，QUAL2K 模型推荐取值 0.04 作为初值。
- Bot Width：河床底宽。
- Side Slope：边坡坡度。应为大于 0 的值，如对于矩形河道，边坡坡度应等于 0。

Water Quality Constituents：源头水水质。用以输入河流源头的温度和水质边界条件。根据需要用户可选择模拟 18 类污染物水质指标浓度［Temperature（水温）、Conductivity（电导率）、Inorganic Solids（无机颗粒物）、Dissolved Oxygen（溶解氧）、SlowCBOD（慢反应 CBOD）、FastCBOD（快反应 CBOD）、Organic Nitrogen（有机氮）、NH4-Nitrogen（氨氮）、NO3-Nitrogen（硝氮）、Organic Phosphorus（有机磷）、Inorganic Phosphorus（SRP）（无机磷）、Phyto-plankton（浮游植物）、Internal Nitrogen（INP）（浮游植物内部氮）、Internal Phosphorus（IPP）（浮游植物内部磷）、Detritus（POM）（腐殖质）、Pathogen（病原体）、Alkalinity（碱度）和 pH 值］和 3 种自定义污染物浓度（Constituent i、Constituent ii 和 Constituent iii）。若输入的水质数据以昼夜节律变化，Q2K 模型允许用户输入每小时的数值。若数据为整日不变的常量，则需要在所有时间均输入固定值。

5.4　下游边界工作表

"Downstream Boundary（下游边界）工作表"用以输入河网系统下游边界的出流水质信息（图 5.4）。

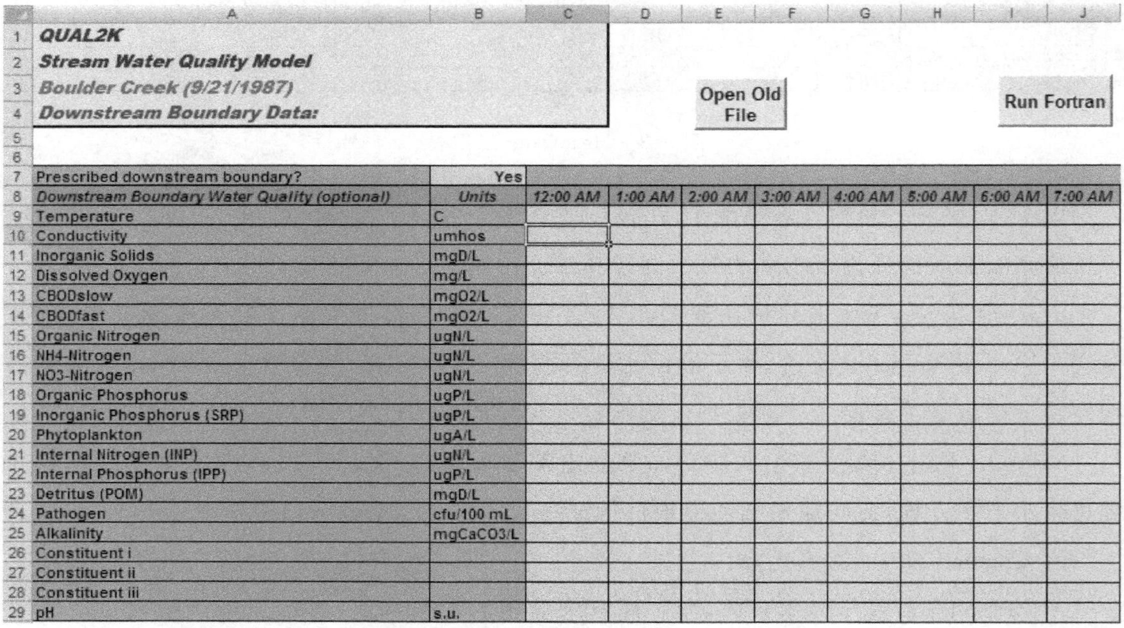

图 5.4　Downstream Boundary 工作表

需要用户输入的主要信息具体如下：

Prescribed downstream boundary？ 是否需要设定下游边界。如果模拟需考虑下游边界条件的影响，应将下拉列表框中设定为 Yes，此时同时需要在 Downstream Boundary Water Quality 中设定对应的下游边界水质指标值；如果不需考虑下游边界条件的影响，应将下拉列表框中设定为 No。

Downstream Boundary Water Quality(optional)：下游边界处水质条件(可选项)。用以输入河道下游边界处温度和水质边界条件。具体指标含义与 5.3 节部分内容相同。

5.5　河段工作表

用户可根据第 2 章描述的方法将需模拟的河网系统划分为一系列首尾相接的河段(Reach)，同时单个的河段还可以根据需要进一步划分为若干个单元(Element)。河段和河段单位信息可在 Reach 工作表中进行设置(图 5.5)。

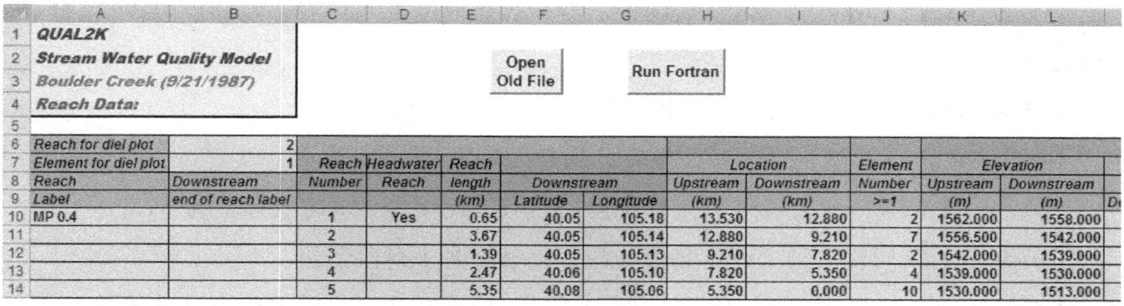

QUAL2K
Stream Water Quality Model
Boulder Creek (9/21/1987)
Reach Data:

Open Old File　　Run Fortran

Reach for diel plot	2										
Element for diel plot	1	Reach	Headwater	Reach			Location		Element	Elevation	
Reach	Downstream	Number	Reach	length	Downstream		Upstream	Downstream	Number	Upstream	Downstream
Label	end of reach label			(km)	Latitude	Longitude	(km)	(km)	>=1	(m)	(m)
MP 0.4		1	Yes	0.65	40.05	105.18	13.530	12.880	2	1562.000	1558.000
		2		3.67	40.05	105.14	12.880	9.210	7	1556.500	1542.000
		3		1.39	40.05	105.13	9.210	7.820	2	1542.000	1539.000
		4		2.47	40.06	105.10	7.820	5.350	4	1539.000	1530.000
		5		5.35	40.08	105.06	5.350	0.000	10	1530.000	1513.000

图 5.5　Reach 工作表

需要用户输入的主要信息具体如下：

Reach for diel plot/Element for diel plot：需要输出全日变化过程制图的河段和单元编号。若为编号负值、零值或大于输入的河段个数的数值，程序将自动将其设定为最下游的河段。

Reach Label：河段标签(可选项)。Q2K 模型允许用户为每个河段设定标签。图 5.6 显示了河段标签命名方法的具体示例，包括某条河流源头以下两个河段。其中，第一个河段是Jefferson市污水处理厂废水的受纳水体，可选择以“Jefferson City WWTP”作为其河段标签。同样，我们可以将第二个河段上设置有 27 号水质监测站点的河段标示为“Sampling Station 27”。

Element Number：河段单元数，用户可将河段进一步划分为一系列的等间隔单元。

Downstream end of reach label：河段下游边界标签(可选项)。Q2K 模型允许用户为河段之间的边界设定标签，该标签将会随后在其他工作表上显示以确定河段。如图 5.6 所示，图中的第一个河段的下游边界可被标示为“Jefferson Dam”。同样，第二个河段的下游边界可标示为"Route 11 Bridge"。

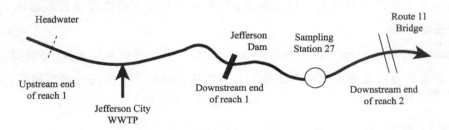

图 5.6　某河流系统上河段的标注实例

Location Upstream/Downstream：河段上游、下游边界断面位置，用户必须输入各河段上、下游出口断面的河长距离。河段河长距离可以升序或降序的方式给出。

Elevation Upstream/Downstream：河段上游、下游边界断面高程。

Downstream Latitude/Longitude：河段下游边界断面经度和纬度。经纬度可以度、分、秒的形式输入。

用户输入以上河段划分信息后，程序将自动补充以下内容：

Reach Number：模型自动将河段按升序编号。

Headwater Reach：河段是否为河源河段，如果是，程序将自动将其标记为 Yes。

Reach length：河段河长。模型将自动计算和显示各个河段河长。

Downstream Latitude/Longitude：下游出口断面经度和纬度。模型将自动计算并以十进制小数形式显示各河段下游出口断面的经度和纬度。

Hydraulic Model：水力模型。Q2K 模型允许用户选择三种方法计算河段水力学特征，包括 Weir（溢流堰）、Rating Curves（关系曲线法）和 Manning Formula（曼宁公式法）。具体参数设置方法和注意事项与 Headwater 工作表类似（参考 5.3 节）。

Prescribed Dispersion：设定弥散系数，若用户已知河段下游出口断面弥散系数，可进行设定。若单元格留空，则扩散系数将由程序自动计算。

Bottom Algae Coverage：底栖藻类盖度。对于某河流，可能其中的某河段全部河底均不适合底栖藻类生长。因此，Q2K 模型允许用户指定植物可生长的河底所占比例。如，若某一河段只有 1/5 的河床基质适合植物生长，则底栖藻类盖度可设为 20%。

Bottom SOD：河底 SOD 盖度，对于某河流，可能其中的某河段全部河底均不用计算沉积物需氧量。因此，Q2K 模型允许用户指定考虑 SOD 作用（同时伴随沉积物养分通量）的沉积物积累河底所占比例。如，若某一河段只有 3/4 的河床累积了沉积淤泥，则该段的河底 SOD 盖度可设为 75%。

Prescribed SOD：设定 SOD，Q2K 模型通过一个以恒定速率从水体至沉积物腐殖质和浮游植物生物质量的函数来模拟某一河段的沉积物耗氧量。因沉积物可能包含在之前的非稳态径流阶段径流所携带的额外有机质，Q2K 模型允许用户在工作表内为各河段设定额外的 SOD。

　　Prescribed CH4 flux：设定 CH4 通量，模型允许用户在工作表为各河段设定额外的甲烷通量（还原态碳）。

　　Prescribed NH4 flux：设定 NH4 通量，模型允许用户在河段工作表为各河段设定额外的氨氮通量。

　　Prescribed Inorg P flux：设定无机磷通量，模型允许用户在河段工作表为各河段设定额外的无机磷通量。

5.6　河段反应速率工作表

　　"Reach Rates（河段反应速率）工作表"用以输入对河网各河段定义的污染物动力学反应速率参数（图 5.7）。

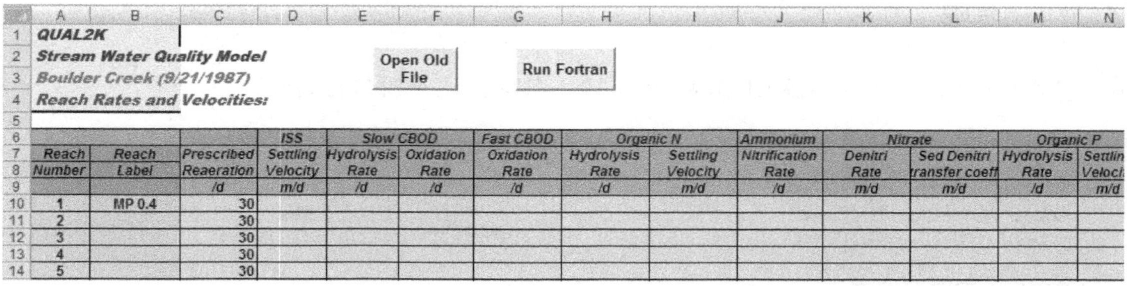

图 5.7　Reach Rates 工作表

　　用户可在 Reach Rates 工作表中针对具体河段设置复氧系数和污染物反应动力学参数；若单元格留空，则各河段反应动力学参数将由程序统一根据 Rates 工作表设定的参数自动计算。

　　Reach Rates 工作表可设置的主要参数具体如下：

　　Prescribed Reaeration：复氧速率系数。

　　ISS Settling Velocity：ISS 沉降速率。

　　Slow CBOD Hydrolysis Rate/Oxidation Rate：慢反应 CBOD 水解速率、氧化速率。

　　Fast CBOD Oxidation Rate：快反应 CBOD 氧化速率。

　　Organic N Hydrolysis Rate/Settling Velocity：有机氮水解速率、沉降速率。

　　Ammonium Nitrification Rate：氨氮硝化速率。

Nitrate Denitri Rate/Sed Denitri transfer coeff：硝酸盐反硝化速率、沉积物反硝化转换系数。

Organic P Hydrolysis Rate/Settling Velocity：有机磷水解速率、沉降速率。

Inorganic P Settling Velocity：无机磷沉降速率。

Phytoplankton Max Growth Rate/Respiration Rate/Excretion Rate/Death Rate/Settling Velocity：浮游植物最大生长速率、呼吸速率、排泄速率、死亡速率和沉降速率。

Bottom Algae Max Growth Rate/Respiration Rate/Excretion Rate/Death Rate：底栖藻类最大生长速率、呼吸速率、排泄速率和死亡速率。

Detritus Dissolution Rate/Settling Velocity/Fraction fast CBOD：腐殖质溶解速率、沉降速率和快反应 CBOD 的占比。

5.7　气象与光照工作表

气象和光照条件数据的输入共涉及五个相似样式的工作表，具体如下。

5.7.1　气温

"Air Temperature(气温)工作表"用以输入各河段逐小时气温(图 5.8)。

	A	B	C	D	E	F	G	H	I	J	K	L
1	**QUAL2K**											
2	**Stream Water Quality Model**						Open Old File		Run Fortran			
3	**Boulder Creek (9/21/1987)**											
4	**Air Temperature Data:**											
5												
6												
7					Upstream	Downstream	12:00 AM	1:00 AM	2:00 AM	3:00 AM	4:00 AM	5:00 AM
8	Upstream	Reach	Downstream	Reach	Distance	Distance	Hourly air temperature for each reach (degrees C)					
9	Label	Label	Label	Number	km	km	(The input values are applied as point estimates at each time. Linear					
10	Mainstem	MP 0.4		1	13.53	12.88	8.53	7.17	6.86	7.32	6.40	5.81
11				2	12.88	9.21	8.53	7.17	6.86	7.32	6.40	5.81
12				3	9.21	7.82	8.53	7.17	6.86	7.32	6.40	5.81
13				4	7.82	5.35	8.53	7.17	6.86	7.32	6.40	5.81
14				5	5.35	0.00	8.53	7.17	6.86	7.32	6.40	5.81

图 5.8　Air Temperature 工作表

需要用户输入的主要信息具体如下：

Hourly air temperature for each reach：在 G 行至 AD 行的单元格内输入各河段的逐小时气温值。若仅有气温日均值，则需每次输入固定的气温值。

用户执行模型运算时，程序将自动把河段标签和距离信息补充完整(以上信息先前已在河源工作表和河段工作表中输入)：

Reach Label：本河段标签。

Downstream Label：下游河段标签。

Reach Number：河段编号。

Upstream Distance：距上游距离。

Downstream Distance：距下游距离。

5.7.2　露点温度

"Dew Point Temperature(露点温度)工作表"用以输入各河段的逐小时露点温度值(图 5.9)。

需要用户输入的主要信息具体如下：

Dew Point Temperature：在 G 行至 AD 行的单元格内输入各河段的逐小时露点温度值。若仅有露点温度的日均值,则需每次输入固定值。

用户执行模型运算时,程序将自动把河段标签和距离信息补充完整,具体项目与 Air Temperature 工作表相同。

	A	B	C	D	E	F	G	H	I	J	K	L
1	**QUAL2K**						Open Old File		Run Fortran			
2	**Stream Water Quality Model**											
3	**Boulder Creek (9/21/1987)**											
4	**Dew Point Temperature Data:**											
5												
6												
7					Upstream	Downstream	12:00 AM	1:00 AM	2:00 AM	3:00 AM	4:00 AM	5:00 AM
8	Upstream	Reach	Downstream	Reach	Distance	Distance	Hourly dewpoint temperature for each reach (degrees C)					
9	Label	Label	Label	Number	km	km	(The input values are applied as point estimates at each time. Linear inter					
10	Mainstem	MP 0.4		1	13.53	12.88	1.85	0.80	0.52	0.12	1.51	1.57
11				2	12.88	9.21	1.85	0.80	0.52	0.12	1.51	1.57
12				3	9.21	7.82	1.85	0.80	0.52	0.12	1.51	1.57
13				4	7.82	5.35	1.85	0.80	0.52	0.12	1.51	1.57
14				5	5.35	0.00	1.85	0.80	0.52	0.12	1.51	1.57

图 5.9　Dew Point Temperature 工作表

5.7.3　风速

"Wind Speed(风速)工作表"用以输入各河段的逐小时风速值(图 5.10)。

需要用户输入的主要信息具体如下：

Wind speed for each reach 7 m above water surface：在 G 行至 AD 行的单元格内输入各河段的逐小时(水面以上 7 m 处)风速值。若仅有风速的日均值,则需每次输入固定值。

用户执行模型运算时,程序将自动把河段标签和距离信息补充完整,具体项目与 Air Temperature 工作表相同。

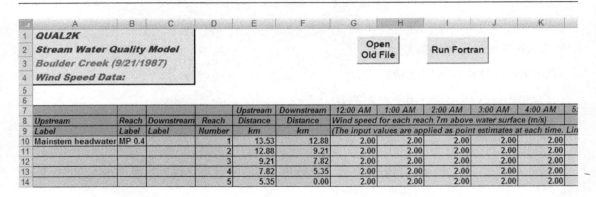

图 5.10　Wind Speed 工作表

5.7.4　云量

"Cloud Cover(云量)工作表"用以输入水系各河段的逐小时云量(图 5.11)。

需要用户输入的主要信息具体如下：

Hourly cloud cover shade for each reach：在 G 行至 AD 行的单元格内输入各河段的逐小时云量值(百分比云盖度)。若仅有云量的日均值，则需每次输入固定值。

用户执行模型运算时，程序将自动把河段标签和距离信息补充完整，具体项目与 Air Temperature 工作表相同。

				Upstream Distance km	Downstream Distance km	12:00 AM	1:00 AM	2:00 AM	3:00 AM	4:00 AM
	QUAL2K									
	Stream Water Quality Model									
	Boulder Creek (9/21/1987)									
	Cloud Cover Data:									
Upstream Label	Reach Label	Downstream Label	Reach Number	Upstream Distance km	Downstream Distance km	Hourly cloud cover shade for each reach (Percent)				
						(Percent of sky that is covered by clouds. The input values				
Mainstem headwate	MP 0.4		1	13.53	12.88	20.0%	20.0%	20.0%	20.0%	20.0%
			2	12.88	9.21	20.0%	20.0%	20.0%	20.0%	20.0%
			3	9.21	7.82	20.0%	20.0%	20.0%	20.0%	20.0%
			4	7.82	5.35	20.0%	20.0%	20.0%	20.0%	20.0%
			5	5.35	0.00	20.0%	20.0%	20.0%	20.0%	20.0%

图 5.11　Cloud Cover 工作表

5.7.5　遮阴度

"Shade(遮阴度)工作表"用以输入各河段的逐小时遮阴度。遮阴度定义为由于地形或者植被阴影遮挡的太阳辐射的比例(图 5.12)。

需要用户输入的主要信息具体如下：

Integrated hourly effective shade for each reach：在 G 行至 AD 行的单元格内输入各河段的逐小时有效遮阴度。若仅有遮阴度的日均值，则需每次输入固定值。

用户执行模型运算时，程序将自动把河段标签和距离信息补充完整，具体项目与 Air Temperature 工作表相同。

	A	B	C	D	E	F	G	H	I	J	K
1	**QUAL2K**										
2	**Stream Water Quality Model**					Open Old File		Run Fortran			
3	**Boulder Creek (9/21/1987)**										
4	**Shade Data:**										
5											
6											
7					Upstream Distance	Downstream Distance	12:00 AM	1:00 AM	2:00 AM	3:00 AM	4:00 AM
8	Upstream	Reach	Downstream	Reach			Integrated hourly effective shade for each reach (Percent)				
9	Label	Label	Label	Number	km	km	(Percent of solar radiation that is blocked because of shade				
10	Mainstem head	MP 0.4		1	13.53	12.88	0.0%	0.0%	0.0%	0.0%	0.0%
11				2	12.88	9.21	0.0%	0.0%	0.0%	0.0%	0.0%
12				3	9.21	7.82	0.0%	0.0%	0.0%	0.0%	0.0%
13				4	7.82	5.35	0.0%	0.0%	0.0%	0.0%	0.0%
14				5	5.35	0.00	0.0%	0.0%	0.0%	0.0%	0.0%

图 5.12　Shade 工作表

5.8　参数工作表

QUAL2K 模型参数的输入包括污染物反应速率参数工作表和光照热量参数工作表。

5.8.1　反应速率参数

"Rates（速率参数）工作表"用以输入模型的各类速率系数（图 5.13）。

用户需要对以下主要参数进行设置：

Stoichiometry：化学计量学参数，QUAL2K 模型假定植物和腐殖质有固定的化学计量学参数取值（参数具体意义见章节 3.3.3），具体包括：

- Carbon：碳元素。
- Nitrogen：氮元素。
- Phosphorus：磷元素。
- Dry weight：干物质重。
- Chlorophyll：叶绿素。

Inorganic suspended solids：非有机悬浮颗粒物。

- Settling velocity：非有机悬浮颗粒物的沉降速率参数。

Oxygen：复氧和耗氧，包括 QUAL2K 模型中涉及的复氧模型和复氧参数、各耗氧模型

	A	B	C	D	E	F	G
1	**QUAL2K**						
2	**Stream Water Quality Model**						
3	**Boulder Creek (9/21/1987)**						
4	**Water Column Rates**						
5							
6							
7	Parameter	Value	Units	Symbol			
8	Stoichiometry:						
9	Carbon	40	gC	gC			
10	Nitrogen	7.2	gN	gN			
11	Phosphorus	1	gP	gP			
12	Dry weight	100	gD	gD			
13	Chlorophyll	1	gA	gA			
14	Inorganic suspended solids:						
15	Settling velocity	1.304	m/d	v_i			
16	Oxygen:						
17	Reaeration model	Tsivoglou-Neal					
18	User reaeration coefficient α	0		α			
19	User reaeration coefficient β	0		β			
20	User reaeration coefficient γ	0		γ			
21	Temp correction	1.024		θ_a			
22	Reaeration wind effect	None					
23	O2 for carbon oxidation	2.69	gO₂/gC	r_{oc}			
24	O2 for NH4 nitrification	4.57	gO₂/gN	r_{on}			
25	Oxygen inhib model CBOD oxidation	Exponential					
26	Oxygen inhib parameter CBOD oxidation	0.60	L/mgO2	K_{socf}			
27	Oxygen inhib model nitrification	Exponential					
28	Oxygen inhib parameter nitrification	0.60	L/mgO2	K_{sona}			
29	Oxygen enhance model denitrification	Exponential					
30	Oxygen enhance parameter denitrificat	0.60	L/mgO2	K_{sodn}			
31	Oxygen inhib model phyto resp	Exponential					
32	Oxygen inhib parameter phyto resp	0.60	L/mgO2	K_{sop}			
33	Oxygen enhance model bot alg resp	Exponential					
34	Oxygen enhance parameter bot alg res	0.60	L/mgO2	K_{sob}			
35	Slow CBOD:						
36	Hydrolysis rate	4.999	/d	k_{hc}			
37	Temp correction	1.047		θ_{hc}			
38	Oxidation rate	5	/d	k_{dcs}			
39	Temp correction	1.047		θ_{dcs}			

Open Old File　Run Fortran

图 5.13　Rates 工作表

和耗氧参数。

● Reaeration model：复氧模型。用户可通过一个下拉菜单选择河流复氧的计算方法（具体计算方法说明详见章节 3.3.6），包括：

①Internal（Cover 公式）；

②O'Connor and Dobbins 公式；

③Churchill 公式；

④Owens-Gibbs 公式；

⑤Tsivoglou and Neal 公式；

⑥Thackston-Dawson 公式；

⑦USGS(深潭—浅滩)公式；

⑧USGS(人工控制河流)公式。

选择的复氧模型将应用于所有未明确指定复氧速率计算方法的河段。

• Temp correction：复氧温度校正系数。

• Reaeration wind effect：风场条件对复氧的修正模型。用户可通过一个下拉菜单选择风场条件对复氧的修正计算方法(具体计算方法说明详见章节 3.3.6)，包括：

①Banks-Herrera 公式；

②Wanninkhof 公式。

• O_2 for carbon oxidation：CBOD 氧化需氧量。

• O_2 for NH4 nitrification：NH4 硝化需氧量。

• Oxygen inhib model CBOD oxidation：CBOD 氧化的氧气衰减模型。用户可通过一个下拉菜单选择计算模型方法(具体计算方法说明详见章节 3.3.6)，包括：

①Half saturation：半饱和模型；

②Exponential：指数模型；

③2nd order：二阶半饱和模型。

• Oxygen inhib parameter CBOD oxidation：CBOD 氧化的氧气依赖性参数。

• Oxygen inhib model nitrification：硝化作用氧气衰减模型,用户可通过一个下拉菜单选择计算模型方法,包括：

①Half saturation：半饱和模型；

②Exponential：指数模型；

③2nd order：二阶半饱和模型。

• Oxygen inhib parameter nitrification：硝化作用氧气依赖性参数。

• Oxygen enhance model denitrification：反硝化作用氧气依赖模型,用户可通过一个下拉菜单选择计算模型方法,包括：

①Half saturation：半饱和模型；

②Exponential：指数模型；

③2nd order：二阶半饱和模型。

• Oxygen enhance parameter denitrification：反硝化作用对氧气依赖性参数。

• Oxygen inhib model phyto resp：浮游植物呼吸作用氧气衰减模型,用户可通过一个下拉菜单选择计算模型方法,包括：

①Half saturation：半饱和模型；

②Exponential：指数模型；

③2nd order：二阶半饱和模型。

• Oxygen inhib parameter phyto resp：浮游植物呼吸作用氧气依赖性参数。

• Oxygen enhance model bot alg resp：底栖藻类植物呼吸作用氧气衰减模型，用户可通过一个下拉菜单选择计算模型方法，包括：

①Half saturation：半饱和模型；

②Exponential：指数模型；

③2nd order：二阶半饱和模型。

• Oxygen enhance parameter bot alg resp：浮游植物呼吸作用氧气依赖性参数。

Slow CBOD：慢反应 CBOD，具体包括：

• Hydrolysis rate：慢反应 CBOD 水解速率。

• Temp correction：慢反应 CBOD 水解温度修正系数。

• Oxidation rate：慢反应 CBOD 氧化速率。

• Temp correction：慢反应 CBOD 氧化温度修正系数。

Fast CBOD：快反应 CBOD，具体包括：

• Oxidation rate：快反应 CBOD 氧化速率。

• Temp correction：慢反应 CBOD 氧化温度修正系数。

Organic N：有机氮，具体包括：

• Hydrolysis：有机氮水解速率。

• Temp correction：有机氮水解温度修正系数。

• Settling velocity：有机氮沉降速率。

Ammonium：氨氮，具体包括：

• Nitrification：氨氮硝化速率。

• Temp correction：氨氮硝化温度修正系数。

Nitrate：硝酸盐，具体包括：

• Denitrification：硝酸盐脱氮速率。

• Temp correction：硝酸盐反硝化速率的温度修正系数。

• Sed denitrification transfer coeff：沉积物反硝化转换系数，为硝氮扩散至沉积物并在其中发生脱氮转换为氮气的速率。

• Temp correction：沉积物反硝化转换系数的温度修正系数。

Organic P：有机磷，具体包括：

• Hydrolysis：有机磷水解速率。

- Temp correction：有机磷水解速率温度修正系数。
- Settling velocity：有机磷沉降速率。

Inorganic P：无机磷，具体包括：

- Settling velocity：无机磷沉降速率。
- Inorganic P sorption coefficient：水中悬浮颗粒对无机磷的吸附系数。
- Sed P oxygen attenuation half sat constant：沉降物中磷的氧衰减半饱和常数。

Phytoplankton：浮游植物，具体包括：

- Max Growth rate：浮游植物最大每日生长速率。
- Temp correction：浮游植物最大生长速率温度修正系数。
- Respiration rate：浮游植物呼吸速率。
- Temp correction：浮游植物呼吸速率温度修正系数。
- Excretion rate：浮游植物排泄速率。
- Temp correction：浮游植物排泄速率温度修正系数。
- Death rate：浮游植物死亡速率。
- Temp correction：浮游植物死亡速率的温度修正系数。
- External nitrogen half sat constant：外部氮半饱和常数。
- External phosphorus half sat constant：外部磷半饱和常数。
- Inorganic carbon half sat constant：无机碳半饱和常数。
- Light model：光照模型，用户可通过一个下拉菜单选择光照条件对浮游植物光合作用影响的计算方法（具体计算方法说明详见章节 3.3.6），包括：

①Half saturation：半饱和模型（Michaelis-Menten 方程）；

②Smith 模型；

③Steele 模型。

- Light constant：浮游植物光照常数。
- Ammonia preference：浮游植物的氨氮偏好系数。
- Subsistence quota for nitrogen：浮游植物最低细胞内氮元素含量比例。
- Subsistence quota for phosphorus：浮游植物最低细胞内磷元素含量比例。
- Maximum uptake rate for nitrogen：浮游植物最大氮元素摄取速率。
- Maximum uptake rate for phosphorus：浮游植物最大磷元素摄取速率。
- Internal nitrogen half sat constant：浮游植物细胞内氮的半饱和常数。
- Internal phosphorus half sat constant：浮游植物细胞内磷的半饱和常数。
- Settling velocity：浮游植物沉降速率。

Bottom Algae：底栖藻类，具体包括：

· Growth model：底栖藻类生长模型，用户可通过一个下拉菜单选择底栖藻类的生长动力学模型计算方法（具体计算方法说明详见章节 3.3.6），包括：

①Zero-order：温度校正的零阶方程，速率衰减考虑营养盐和光照限制的影响；

②First-order：一阶模型。

· Max Growth rate：底栖藻类最大每日生长速率。

· Temp correction：底栖藻类最大生长速率温度修正系数。

· First-order model carrying capacity：一阶模型的承载能力。

· Respiration rate：底栖藻类呼吸速率。

· Temp correction：底栖藻类呼吸速率温度修正系数。

· Excretion rate：底栖藻类排泄速率。

· Temp correction：底栖藻类排泄速率温度修正系数。

· Death rate：底栖藻类死亡速率。

· Temp correction：底栖藻类死亡速率的温度修正系数。

· External nitrogen half sat constant：外部氮半饱和常数。

· External phosphorus half sat constant：外部磷半饱和常数。

· Inorganic carbon half sat constant：无机碳半饱和常数。

· Light model：光照模型，用户可通过一个下拉菜单选择光照条件对底栖藻类光合作用影响的计算方法（具体计算方法说明详见章节 3.3.6），包括：

①Half saturation：半饱和模型；

②Smith 模型；

③Steele 模型。

· Light constant：底栖藻类光照参数。

· Ammonia preference：底栖藻类的氨氮偏好系数。

· Subsistence quota for nitrogen：底栖藻类最低细胞内氮元素含量比例。

· Subsistence quota for phosphorus：底栖藻类最低细胞内磷元素含量比例。

· Maximum uptake rate for nitrogen：底栖藻类最大氮元素摄取速率。

· Maximum uptake rate for phosphorus：底栖藻类最大磷元素摄取速率。

· Internal nitrogen half sat constant：底栖藻类细胞内氮的半饱和常数。

· Internal phosphorus half sat constant：底栖藻类细胞内磷的半饱和常数。

Detritus（POM）：腐殖质，具体包括：

· Dissolution rate：腐殖质溶解速率。

- Temp correction：腐殖质溶解速率的温度修正系数。
- Fraction of dissolution to fast CBOD：快反应 CBOD 占参溶解腐殖质比例。
- Settling velocity：腐殖质沉降速率。

Pathogens：病原体，具体包括：

- Decay rate：病原体死亡速率。
- Temp correction：病原体死亡速率的温度修正系数。
- Settling velocity：病原体的沉降速率。
- Light efficiency factor：病原体死亡的光效率因子。

pH：pH 值，具体包括：

- Partial pressure of carbon dioxide：大气中的 CO_2 分压。

Constituent i/ ii/ iii：自定义污染物 i/ ii/ iii，具体包括：

- First-order reaction rate：污染物的一阶反应速率。
- Temp correction：反应速率的温度修正系数。
- Settling velocity：污染物沉降速率（如果需考虑沉降过程，则可进行设置）。

以上模型参数的一般推荐值（或模型方法）、取值的上下限等详见章节 5.14。

5.8.2　光照热量参数

"Light and Heat（光照热量）工作表"用以输入模拟河流系统的光照和热量相关参数（图 5.14）。

用户需要对以下主要参数进行设置：

Parameter：光照和消光参数，具体包括：

- Photosynthetically available radiation：光合作用可利用辐射量，为入射太阳辐射中可用以光合作用的部分，模型推荐值为 0.47。
- Background light extinction：水体水色背景消光系数。
- Linear chlorophyll light extinction：线性叶绿素消光系数，为浮游植物叶绿素 a 线性相关消光作用参数。
- Nonlinear chlorophyll light extinction：非线性叶绿素消光系数，为浮游植物叶绿素 a 非线性相关消光作用参数。若确定消光作用为线性的，此参数可设定为 0 值，同时对应调整线性叶绿素消光系数。
- ISS light extinction：无机悬浮颗粒物消光系数，为无机悬浮颗粒物质的非线性相关消光作用参数。
- Detritus light extinction：腐殖质消光系数，为腐殖质的非线性相关消光作用参数。

	A	B	C	D	E	F	G
1	**QUAL2K**						
2	**Stream Water Quality Model**						
3	**Boulder Creek (9/21/1987)**						
4	**Light Parameters and Surface Heat Transfer Models:**						
5							
6							
7	Parameter	Value	Unit				
8	Photosynthetically Available Radiation	0.47					
9	Background light extinction	0.2	/m	k_{eb}			
10	Linear chlorophyll light extinction	0.0088	1/m-(ugA/L)	α_p			
11	Nonlinear chlorophyll light extinction	0.054	1/m-(ugA/L)2/3	α_{pn}			
12	ISS light extinction	0.052	1/m-(mgD/L)	α_i			
13	Detritus light extinction	0.174	1/m-(mgD/L)	α_o			
14	*Solar shortwave radiation model*						
15	Atmospheric attenuation model for solar	Ryan-Stolzenbach					
16	*Bras solar parameter (used if Bras solar model is selected)*						
17	atmospheric turbidity coefficient (2=clear, 5=smoggy, default=2)	2		n_{fac}			
18	*Ryan-Stolzenbach solar parameter (used if Ryan-Stolzenbach solar model is selected)*						
19	atmospheric transmission coefficient (0.70-0.91, default 0.8)	0.75		a_{tc}			
20	*Downwelling atmospheric longwave IR radiation*						
21	atmospheric longwave emissivity model	Brunt					
22	*Evaporation and air convection/conduction*						
23	wind speed function for evaporation and air convection/conduction	Brady-Graves-Geyer					
24	*Sediment heat parameters*						
25	Sediment thermal thickness	10	cm	H_s			
26	Sediment thermal diffusivity	0.005	cm²/s	α_s			
27	Sediment density	1.6	g/cm³	ρ_s			
28	Water density	1	g/cm³	ρ_w			
29	Sediment heat capacity	0.4	cal/(g °C)	C_{ps}			
30	Water heat capacity	1	cal/(g °C)	C_{pw}			
31	*Sediment diagenesis model*						
32	Compute SOD and nutrient fluxes	Yes					

Open Old File

Run Fortran

图 5.14 Light and Heat 工作表

Solar shortwave radiation model：太阳短波辐射模型。

• Atmospheric attenuation model for solar：太阳辐射大气衰减模型,用户可从一个下拉菜单中选择计算方法(具体计算方法说明详见章节 3.3.6),包括:

①Bras 法;

②Ryan-Stolzenbach 法。

模型默认选择为 Bras 模型方法,此时应设置 atmospheric turbidity coefficient：大气浊度系数参数,对于晴朗的天气条件取值 2,对于雾天可取值 5,程序默认取值为 2;若选择 Ryan-Stolzenbach 模型方法,则需设定 atmospheric transmission coefficient：大气传输系数,其取值可在 0.70~0.91,程序默认取值 0.8。

Downwelling atmospheric longwave IR radiation：大气长波逆辐射。

• atmospheric longwave emissivity model：大气长波辐射模型,用户可从一个下拉菜单中选择计算方法(具体计算方法说明详见章节 3.3.6),包括:

①Brutsaert 模型;

②Brunt 模型;

③Koberg 模型。

模型默认选择 Brutsaert 模型方法。

Evaporation and air convection/conduction：蒸发和空气对流/传导项。

• wind speed function for evaporation and air convection/ conduction：蒸发和空气对流/传导风速函数，用户可从一个下拉菜单中选择计算方法（具体计算方法说明详见章节 3.3.6）：

①Brady-Graves-Geyer 模型；

②Adams 1 模型；

③Adams 2 模型。

模型默认选择 Brady-Graves-Geyer 模型方法。

Sediment heat parameters：沉积物热量参数，具体包括：

• Sediment thermal thickness：沉积物热力学厚度。

• Sediment thermal diffusivity：沉积物热力学扩散系数。

• Sediment density：沉积物密度。

• Water density：水密度。

• Sediment heat capacity：沉积物热容量。

• Water heat capacity：水的热容量。

Sediment diagenesis model：沉积物成岩作用模型。

• Compute SOD and nutrient fluxes：用户可设置是否计算 SOD 和营养盐通量。

5.9　污染源工作表

5.9.1　点源

"Point Sources（点源）工作表"用以输入入河点源相关信息（图 5.15）。

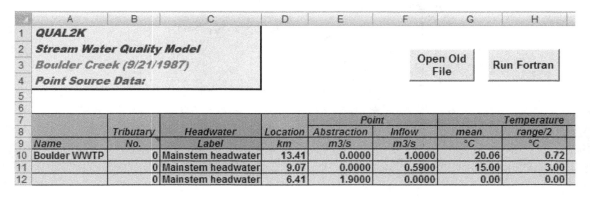

图 5.15　Point Sources 工作表

需要用户输入的主要信息具体如下：

Name：污染源名称，以标示具体入流或出流点源。

Tributary No.：支流编号。点源按其汇入河段实际位置确定其所属河段，对于干流河段，编号为 0，对于第一条支流，编号为 1，对于第二条支流，编号为 2，依此类推。

Location：点源入流或出流（距离河道上边界断面）的具体位置。点源可以是单个的工业或市政排污口或取水口，也可将相邻的若干个点源排污口或取水口概化成一个集中排污的虚拟点源进程模拟（具体概化方法见章节 2.2）。

Point Abstraction/Inflow：点源出流/入流流量。注意，QUAL2K 模型中的 Point Sources（点源）可以是入流点源（如工业源负荷排放、支流汇入）或出流点源（抽排水），但不能同时既为入流点源又为出流点源。若点源为出流点源（即出流流量为正），则所有入流流量和污染物浓度信息都将被忽略；若点源为入流点源，则出流流量应设置为 0 值或空值。

Point Sources 工作表中可根据需要有选择性地输入 18 类污染物的排放浓度［Temperature（水温）、Conductivity（电导率）、Inorganic Suspended Solids（无机悬浮颗粒物）、Dissolved Oxygen（溶解氧）、Slow CBOD（慢反应 CBOD）、Fast CBOD（快反应 CBOD）、Organic N（有机氮）、Ammonia N（氨氮）、Nitrate ＋ Nitrite N（硝氮）、Organic P（有机磷）、Inorganic P（无机磷）、Phytoplankton（浮游植物）、Internal Nitrogen（浮游植物内部氮）、Internal Phosphorus（浮游植物内部磷）、Detritus（腐殖质）、Pathogen Indicator Bacteria（病原体指示菌种）、Alkalinity（碱度）和 pH 值］和 3 种自定义污染物浓度（Constituent i、Constituent ii 和 Constituent iii）进行水质模拟。

Q2K 模型允许用户通过设定水质指标浓度 Mean（均值）、Range/2（1/2 变幅）和 Time of max（最大值时间），采用正弦曲线表现日水质变化过程，模拟排放源的逐小时浓度值。图 5.16 显示了典型点源"Boulder CO WWTP"水温日过程，可用正弦曲线近似模拟。

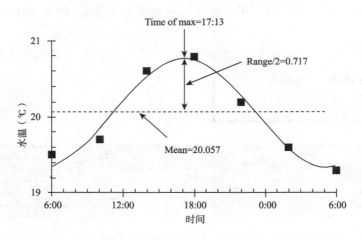

图 5.16　Boulder CO WWTP 夏季排放废水水温变化过程

5.9.2　非点源

"Diffuse Sources(非点源)工作表"用以输入非点源(即分散源)相关信息(图 5.17)。

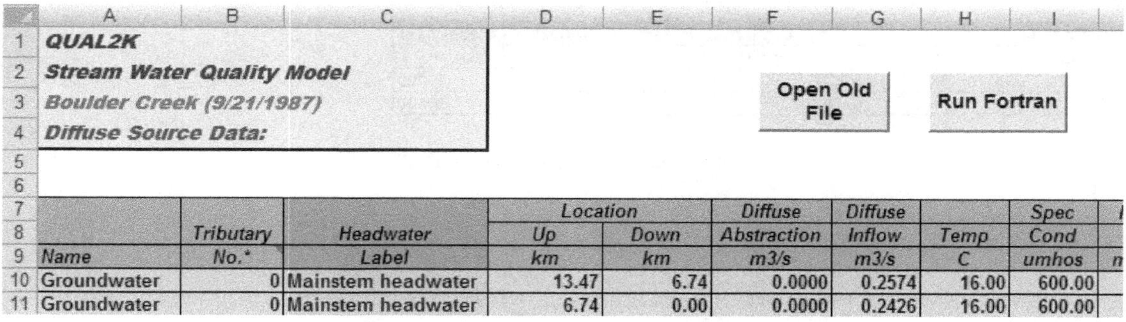

Name	Tributary No.*	Headwater Label	Location Up km	Location Down km	Diffuse Abstraction m3/s	Diffuse Inflow m3/s	Temp C	Spec Cond umhos
Groundwater	0	Mainstem headwater	13.47	6.74	0.0000	0.2574	16.00	600.00
Groundwater	0	Mainstem headwater	6.74	0.00	0.0000	0.2426	16.00	600.00

图 5.17　Diffuse Sources 工作表

需要用户输入的主要信息具体如下:

Name:污染源名称,以标示具体入流或出流非点源。

Tributary No.:非点源影响的支流编号。对于干流河段,编号为 0,对于第一条支流,编号为 1,对于第二条支流,编号为 2,依此类推。

Location Up/Down:非点源影响河段的起始点和终点(距离河段上边界断面)具体位置。Q2K 模型以输入的起始点和终点位置作为分界线,将非点源在此区域内按距离平均分配至各单元。

Diffuse Abstraction/Inflow:非点源出流/入流。和 Q2K 模型对点源的规定相似,非点源可以是入流非点源或出流非点源,但不能同时既为入流非点源又为出流非点源。注意,若程序判断非点源为出流(即出流流量为正),则所有入流流量和污染物浓度信息都将被忽略。

Diffuse Sources 工作表中根据需要可选择性模拟 18 类污染物水质指标浓度和 3 种自定义污染物浓度(具体指标名称参见 Point Sources 工作表 5.9.1 节)。用户需将浓度折算为日均值输入工作表。

5.10　水力学数据工作表

"Hydraulics Data(水力学数据)工作表"用以输入河流系统的水动力特征监测数据(图 5.18)。

用户可选择输入以下信息:

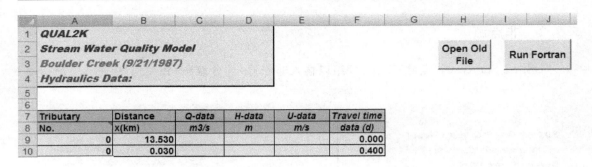

图 5.18　Hydraulics Data 工作表

Tributary No.：监测站点所在支流编号。

Distance：监测站点流程距离。

Q-data：流量数据，Q2K 模型将在 Flow 图中进行标绘监测站点流量值，并与模型模拟结果进行比较。

H-data：水深数据，Q2K 模型将在 Depth 图中进行标绘监测站点水深值，并与模型模拟结果进行比较。

U-data：流速数据，Q2K 模型将在 Velocity 图中进行标绘监测站点流速值，并与模型模拟结果进行比较。

Travel time data：河段的流程时间，Q2K 模型将在 Travel Time 图中标绘监测站到下边界的流程时间，并与模型模拟结果进行比较。

5.11　水质监测数据工作表

5.11.1　水温数据

"Temperature Data（水温数据）工作表"用以输入河流系统上水质监测站点的水温监测数据（图 5.19）。

用户可选择输入以下信息：

Tributary No.：监测站点所在支流编号。

Distance：监测站点流程距离。

Mean temp-data：日平均水温。

Minimum temp-data：日最低水温。

Maximum temp-data：日最高水温。

Q2K 模型将在 Temperature 图中标绘监测站点的实测日平均水温、最低和最高水温值，并与模型模拟结果进行比较。

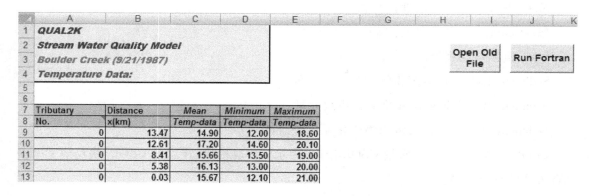

图 5.19　Temperature Data 工作表

5.11.2　水质数据

"WQ Data(水质数据)工作表"用以输入河流系统上水质监测站点的水质监测日平均浓度值(图 5.20)。

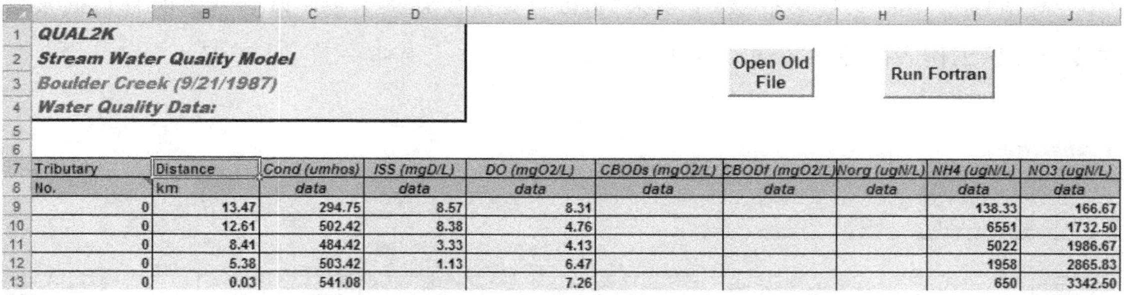

图 5.20　WQ Data 工作表

用户可选择输入以下信息:

Tributary No.:监测站点所在支流编号。

Distance:监测站点流程距离。

WQ Data 工作表中可输入除水温、浮游植物内部氮/磷等所有模型污染物与自定义污染物的实际监测水质浓度值(具体指标参考章节 5.9.1)。此外,工作表还允许用户在有可靠数据的情况下,输入若干其他物质浓度/通量值,以辅助模型校验,包括:

Bot Alg data:底栖藻类生长密度。

TN data:总氮浓度。

TP data:总磷浓度。

TSS data：总悬浮颗粒物浓度。

NH_3：非离子态氨氮浓度。

％sat-data：氧气饱和浓度（％）。

SOD：沉积物耗氧量。

Sediment JNH4-data：沉积物矿化氨氮通量。

Sediment JCH4-data：沉积物矿化甲烷通量。

Sediment JInorg P-data：沉积物矿化无机磷通量。

CBODu：总碳质生化需氧量 CBOD 浓度，为水体中腐殖质、慢反应 CBOD、快反应 CBOD 总量表征的总氧气当量。

TOC：总有机碳浓度，悬浮颗粒物、浮游藻类生物链和腐殖质表征的总干物质量。

TKN：总凯氏氮浓度。

Q2K 模型将在各水质指标的沿程浓度图中标绘监测站点的实测水质浓度，并与模型模拟结果进行比较。

5.11.3　水质最低值

"WQ Data Min（水质最低值）工作表"用以输入河流系统上水质监测站点的日最低水质浓度值。该工作表的格式和注意事项与 WQ Data 工作表基本一致（图 5.21）。

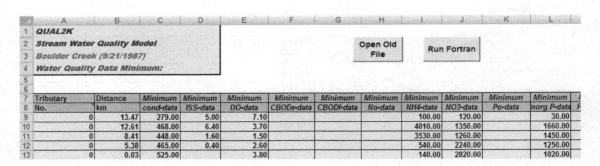

图 5.21　WQ Data Min 工作表

5.11.4　水质最高值

"WQ Data Max（水质最高值）工作表"用以输入河流系统上水质监测站点的日最高水质浓度值。该工作表的格式和注意事项与 WQ Data 工作表基本一致（图 5.22）。

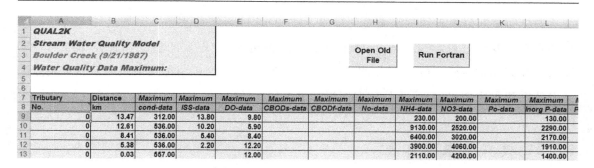

图 5.22　WQ Data Max 工作表

5.11.5　日水质变化过程数据

包括"Diel Data(河段单元日水质变化过程)工作表"(图 5.23)和"Multi Diel Data(监测站点日水质变化过程)工作表"(图 5.24)。

图 5.23　Diel Data 工作表

图 5.24　Multi Diel Data 工作表

若已知某河段单元的日水质变化过程，可在 Diel Data 工作表输入。若已知水质监测站点的日水质变化过程，可在 Multi Diel Data 工作表输入，工作表的格式和注意事项与 WQ Data 工作表基本一致。Q2K 模型将在日浓度变化过程(Diel)图中标绘河段单元和水质监测站点的实测水质变化过程，并与模型模拟结果进行比较。

5.12 模拟结果汇总表

输出工作表中包含了 Q2K 模型产生和输入的一系列的工作表表格，具体说明如下。

Source Summary(污染源汇总)工作表：Q2K 模型运行过程中将自动对各模拟河段单元的总负荷量进行汇总至 Source Summary 工作表(图 5.25)。

QUAL2K
Stream Water Quality Model
Boulder Creek (9/21/1987)
Source Summary (Hourly)

Open Old File　　Run Fortran

Time	Tributary Label	Reach Label	Downstream Label	Up Dist x(km)	Down Dist x(km)	Abstraction cms	Inflow cms	Temp C	Cond umhos	ISS mgD/L	Oxygen mgO2/L	CBODs mgO2/L
9/21/87 12:00 AM	0.00	MP 0.4		13.53	13.21	0.00	1.01	19.87	614.06	4.59	3.25	0.0
	0.00	MP 0.4		13.21	12.88	0.00	0.01	16.00	600.00	0.00	0.00	0.0
	0.00			12.88	12.36	0.00	0.02	16.00	600.00	0.00	0.00	0.0
	0.00			12.36	11.83	0.00	0.02	16.00	600.00	0.00	0.00	0.0
	0.00			11.83	11.31	0.00	0.02	16.00	600.00	0.00	0.00	0.0
	0.00			11.31	10.78	0.00	0.02	16.00	600.00	0.00	0.00	0.0
	0.00			10.78	10.26	0.00	0.02	16.00	600.00	0.00	0.00	0.0
	0.00			10.26	9.73	0.00	0.02	16.00	600.00	0.00	0.00	0.0
	0.00			9.73	9.21	0.00	0.02	16.00	600.00	0.00	0.00	0.0
	0.00			9.21	8.52	0.00	0.62	13.61	504.31	2.87	2.47	1.91
	0.00			8.52	7.82	0.00	0.03	16.00	600.00	0.00	0.00	0.0
	0.00			7.82	7.20	0.00	0.02	16.00	600.00	0.00	0.00	0.0
	0.00			7.20	6.59	0.00	0.02	16.00	600.00	0.00	0.00	0.0
	0.00			6.59	5.97	1.90	0.02	16.00	600.00	0.00	0.00	0.0
	0.00			5.97	5.35	0.00	0.02	16.00	600.00	0.00	0.00	0.0
	0.00			5.35	4.82	0.00	0.02	16.00	600.00	0.00	0.00	0.0
	0.00			4.82	4.28	0.00	0.02	16.00	600.00	0.00	0.00	0.0

图 5.25　Source Summary 工作表

Hydraulics Summary(水动力汇总)工作表：Q2K 模型运行过程中将自动对各模拟河段单元的水动力学参数汇总至 Hydraulics Summary 工作表(图 5.26)。

Temperature Output(水温输出汇总)工作表：Q2K 模型运行过程中将自动对各模拟河段单元的水温输出结果汇总至 Temperature Output 工作表(图 5.27)。

WQ Output(水质输出汇总)工作表：Q2K 模型运行过程中将自动对各模拟河段单元的日平均水质浓度输出结果汇总至 WQ Output 工作表(图 5.28)。

WQ Min(水质最低值输出汇总)工作表：Q2K 模型运行过程中将自动对各模拟河段单元的日最低水质浓度结果汇总至 WQ Min 工作表(图 5.29)。

Tributary No.		Reach Label	Downstream Label	Downstream Distance	Hydraulics Q, m3/s	E', m3/s	H, m	Btop, m	Ac, m^2	U, mps	trav time, d	Slope	Reaeration ka,20, /d	R
0		Mainstem headwater		13.53	0.71	0.36	0.24	12.50	2.98	0.24	0.00	0.002000		
0		MP 0.4		13.21	1.72	0.86	0.29	12.50	3.62	0.48	0.01	0.006150	30.00	
0		MP 0.4		12.88	1.74	0.00	0.29	12.50	3.64	0.48	0.02	0.006150	30.00	
0				12.36	1.76	0.88	0.34	12.50	4.19	0.42	0.03	0.003950	30.00	
0				11.83	1.78	0.89	0.34	12.50	4.22	0.42	0.04	0.003950	30.00	
0				11.31	1.80	0.90	0.34	12.50	4.25	0.42	0.06	0.003950	30.00	
0				10.78	1.82	0.91	0.34	12.50	4.28	0.42	0.07	0.003950	30.00	
0				10.26	1.84	0.92	0.34	12.50	4.31	0.43	0.09	0.003950	30.00	
0				9.73	1.86	0.93	0.35	12.50	4.34	0.43	0.10	0.003950	30.00	
0				9.21	1.88	0.81	0.35	12.50	4.37	0.43	0.12	0.003950	30.00	
0				8.52	2.49	1.25	0.50	12.50	6.27	0.40	0.14	0.002160	30.00	
0				7.82	2.52	1.33	0.50	12.50	6.31	0.40	0.16	0.002160	30.00	
0				7.20	2.54	1.27	0.43	12.50	5.40	0.47	0.17	0.003640	30.00	
0				6.59	2.57	1.28	0.43	12.50	5.43	0.47	0.19	0.003640	30.00	
0				5.97	0.69	0.34	0.19	12.50	2.43	0.28	0.21	0.003640	30.00	
0				5.35	0.71	0.38	0.20	12.50	2.48	0.29	0.24	0.003640	30.00	
0				4.82	0.73	0.36	0.21	12.50	2.62	0.28	0.26	0.003180	30.00	
0				4.28	0.75	0.37	0.21	12.50	2.66	0.28	0.28	0.003180	30.00	
0				3.75	0.77	0.38	0.22	12.50	2.71	0.28	0.30	0.003180	30.00	

图 5.26　Hydraulics Summary 工作表

Tributary No.	Reach Label	Distance x(km)	Temp(C) Average	Temp(C) Minimum	Temp(C) Maximum
0	Mainstem headwater	13.53	15.48	12.38	18.59
0	MP 0.4	13.37	18.09	16.28	19.82
0	MP 0.4	13.04	18.02	16.11	19.85
0		12.62	17.91	15.84	19.96
0		12.09	17.81	15.59	20.10
0		11.57	17.71	15.35	20.25
0		11.05	17.62	15.12	20.40
0		10.52	17.53	14.90	20.54
0		10.00	17.44	14.71	20.66
0		9.47	17.36	14.53	20.77
0		8.86	16.73	13.98	20.20
0		8.17	16.66	13.81	20.26
0		7.51	16.61	13.67	20.30
0		6.89	16.55	13.54	20.33
0		6.28	16.50	13.42	20.37
0		5.66	16.33	12.98	20.54
0		5.08	16.19	12.65	20.69

图 5.27　Temperature Output 工作表

No.	Reach Label	x(km)	cond (umhos)	ISS (mgD/L)	DO(mgO2/L)	CBODs (mgO2/L)	CBODf (mgO2/L)	No(ugN/L)	NH4(ugN/L)	NO3(ugN/L)
0	Mainstem headwa	13.53	294.61	8.61	8.28	2.68	0.00	1670.74	140.19	165.56
0	MP 0.4	13.37	495.94	6.13	5.13	1.04	15.21	1303.97	6492.72	1518.08
0	MP 0.4	13.04	496.69	5.88	4.84	0.96	14.82	1301.06	6371.95	1602.41
0		12.62	497.87	5.51	5.52	0.84	14.12	1296.17	6165.57	1750.83
0		12.09	499.02	5.16	5.08	0.74	13.47	1291.71	5970.32	1888.97
0		11.57	500.15	4.83	4.86	0.65	12.84	1287.59	5784.88	2018.18
0		11.05	501.25	4.53	4.76	0.57	12.25	1283.74	5607.91	2139.85
0		10.52	502.33	4.25	4.75	0.51	11.67	1280.05	5438.33	2255.09
0		10.00	503.39	3.99	4.78	0.45	11.11	1276.48	5275.38	2364.67
0		9.47	504.42	3.75	4.85	0.40	10.58	1272.99	5118.52	2469.11
0		8.86	504.39	3.36	5.08	0.66	7.63	1204.24	3980.83	2233.23
0		8.17	505.40	3.16	5.40	0.56	7.22	1200.75	3834.00	2343.84
0		7.51	506.28	2.99	5.59	0.49	6.90	1197.76	3720.48	2425.41
0		6.89	507.13	2.84	5.76	0.43	6.59	1194.94	3611.24	2503.31
0		6.28	507.93	2.69	5.82	0.41	6.40	1193.02	3543.44	2540.59
0		5.66	510.81	2.24	6.06	0.33	5.79	1186.90	3305.25	2685.05
0		5.08	513.16	1.92	6.25	0.27	5.33	1182.05	3111.13	2764.34
0		4.55	515.39	1.64	6.42	0.23	4.91	1177.44	2930.52	2853.61
0		4.01	517.52	1.42	6.56	0.19	4.55	1172.93	2762.32	2934.07
0		3.48	519.53	1.23	6.70	0.16	4.23	1168.47	2605.62	3006.62
0		2.94	521.45	1.06	6.82	0.13	3.94	1164.03	2459.63	3071.99
0		2.41	523.28	0.93	6.93	0.11	3.70	1159.59	2323.77	3131.13
0		1.87	525.03	0.81	7.04	0.09	3.48	1155.15	2197.18	3184.63
0		1.34	526.70	0.71	7.13	0.08	3.28	1150.70	2079.09	3232.93

QUAL2K
Stream Water Quality Model
Boulder Creek (9/21/1987)
Constituent (Average) Summary

图 5.28　WQ Output 工作表

Tributary No.	Reach Label	Distance x(km) Min	cond (umhos) Min	ISS (mgD/L) Min	DO(mgO2/L) Min	CBODs (mgO2/L) Min	BODf (mgO2 Min)	No(ugN/L) Min	NH4(ugN/L) Min	NO3(ugN/L) Min
0	Mainstem head	13.53	276.42	5.09	6.98	2.68	0.00	1603.02	112.06	143.72
0	MP 0.4	13.37	474.09	4.89	3.99	1.03	15.18	693.13	4935.74	1223.29
0	MP 0.4	13.04	474.99	4.69	3.29	0.95	14.75	695.32	4861.80	1298.80
0		12.62	476.46	4.39	3.88	0.82	14.01	699.66	4737.48	1431.65
0		12.09	477.89	4.11	3.04	0.71	13.29	704.11	4620.41	1551.17
0		11.57	479.29	3.86	2.62	0.62	12.59	708.55	4509.77	1660.55
0		11.05	480.66	3.62	2.43	0.53	11.90	712.85	4403.95	1762.03
0		10.52	482.00	3.40	2.37	0.46	11.24	717.06	4302.98	1857.23
0		10.00	483.31	3.19	2.38	0.40	10.61	721.11	4206.54	1947.27
0		9.47	484.59	3.00	2.42	0.35	10.00	725.01	4113.21	2032.86
0		8.86	489.54	2.82	3.26	0.61	7.18	794.48	3276.72	1879.51
0		8.17	490.78	2.66	3.48	0.50	6.76	797.60	3184.93	1970.16
0		7.51	491.83	2.52	3.52	0.43	6.45	799.48	3110.55	2037.48
0		6.89	492.84	2.39	3.57	0.37	6.14	801.29	3035.86	2102.17
0		6.28	493.75	2.26	3.15	0.35	5.97	802.69	2987.96	2136.26
0		5.66	497.19	1.89	2.55	0.27	5.38	811.53	2809.56	2258.48
0		5.08	499.99	1.61	2.43	0.21	4.94	817.76	2637.40	2357.47
0		4.55	502.64	1.39	2.44	0.17	4.57	822.98	2443.19	2449.46
0		4.01	505.15	1.20	2.51	0.14	4.25	827.22	2237.20	2535.87
0		3.48	507.55	1.04	2.60	0.11	3.97	830.53	2036.42	2617.10
0		2.94	509.82	0.90	2.70	0.09	3.72	833.01	1848.67	2694.05
0		2.41	511.98	0.78	2.81	0.07	3.50	834.76	1676.60	2767.06
0		1.87	514.05	0.68	2.91	0.06	3.30	835.88	1521.89	2836.61
0		1.34	516.02	0.60	3.00	0.05	3.13	836.47	1383.48	2903.50
0		0.80	517.90	0.53	3.08	0.04	2.98	836.50	1261.66	2968.38

QUAL2K
Stream Water Quality Model
Boulder Creek (9/21/1987)
Constituent (Min) Summary

图 5.29　WQ min 工作表

WQ Max(水质最高值输出汇总)工作表：Q2K 模型运行过程中将自动对各模拟河段单元的日最高水质浓度输出结果汇总至 WQ Max 工作表(图 5.30)。

Sediment Fluxes(沉积物通量)工作表：Q2K 模型运行过程中将自动对各模拟河段单元的单元内水体和下层沉积物间的氧气和营养物质通量结果汇总，输出至 Sediment Fluxes 工作表(图 5.31)。

Tributary No.	Reach Label	Distance x(km)	cond(umhos) Max	ISS (mgD/L) Max	DO(mgO2/L) Max	CBODs (mgO2/L) Max	BODf (mgO2) Max	No(ugN/L) Max	NH4(ugN/L) Max	NO3(ugN/L) Max
0	Mainstem headwa	13.53	312.80	12.13	9.58	2.68	0.00	1738.47	168.31	187.39
0	MP 0.4	13.37	517.80	7.38	6.57	1.04	15.24	1914.83	8037.28	1812.28
0	MP 0.4	13.04	518.39	7.08	6.83	0.97	14.92	1906.75	7857.24	1907.79
0		12.62	519.28	6.62	7.43	0.86	14.29	1892.36	7552.00	2079.85
0		12.09	520.15	6.20	7.55	0.76	13.73	1878.49	7271.57	2250.31
0		11.57	521.01	5.81	7.68	0.68	13.21	1865.24	7028.87	2416.43
0		11.05	521.85	5.45	7.82	0.61	12.72	1852.33	6805.45	2576.12
0		10.52	522.67	5.11	7.96	0.54	12.23	1839.67	6594.94	2728.31
0		10.00	523.46	4.80	8.10	0.49	11.75	1827.25	6394.97	2872.71
0		9.47	524.25	4.51	8.25	0.43	11.27	1815.06	6204.24	3009.03
0		8.86	519.24	3.90	7.83	0.70	8.14	1608.72	4768.68	2672.05
0		8.17	520.02	3.66	8.09	0.60	7.71	1597.64	4587.91	2805.32
0		7.51	520.73	3.47	8.40	0.54	7.36	1588.93	4452.25	2900.45
0		6.89	521.42	3.29	8.64	0.48	7.03	1580.68	4323.33	2989.13
0		6.28	522.10	3.12	9.31	0.45	6.82	1574.62	4245.58	3027.41
0		5.66	524.42	2.59	10.73	0.37	6.14	1551.23	3969.55	3140.66
0		5.08	526.33	2.22	11.37	0.31	5.62	1534.48	3753.32	3222.51
0		4.55	528.15	1.90	11.76	0.27	5.15	1520.48	3556.76	3287.78
0		4.01	529.88	1.64	12.00	0.23	4.74	1509.03	3377.96	3342.41
0		3.48	531.52	1.42	12.15	0.19	4.39	1499.65	3214.21	3391.18
0		2.94	533.09	1.23	12.24	0.16	4.09	1492.10	3064.44	3435.29
0		2.41	534.59	1.07	12.30	0.14	3.83	1485.75	2926.55	3474.61
0		1.87	536.02	0.93	12.34	0.12	3.58	1480.18	2799.51	3509.65

图 5.30　WQ max 工作表

Tributary No.	Reach Label	Distance x(km)	SOD gO2/m^2/d	Sed Flux CH4 gO2/m^2/d	Sed Flux NH4 mgN/m^2/d	Sed Flux Inorg P mgP/m^2/d	Sed Flux NO3 mgN/m^2/d	Prescribed SOD gO2/m2/d	Presc...
0	MP 0.4	13.37	4.74	-3.62	-6.41	521.86	-21.49	0.00	
0	MP 0.4	13.04	4.41	-3.35	-5.74	548.49	-23.19	0.00	
0		12.62	4.60	-3.64	-6.93	438.10	-26.86	0.00	
0		12.09	4.16	-3.30	-6.03	461.57	-29.83	0.00	
0		11.57	3.85	-3.07	-5.51	463.31	-32.63	0.00	
0		11.05	3.64	-2.93	-5.25	448.06	-35.37	0.00	
0		10.52	3.49	-2.84	-5.16	422.28	-38.09	0.00	
0		10.00	3.38	-2.79	-5.19	391.38	-40.84	0.00	
0		9.47	3.29	-2.76	-5.30	358.96	-43.61	0.00	
0		8.86	2.74	-2.31	-6.90	365.57	-41.32	0.00	
0		8.17	2.67	-2.29	-7.96	313.21	-46.26	0.00	
0		7.51	2.56	-2.23	-8.53	284.21	-49.87	0.00	
0		6.89	2.45	-2.15	-9.14	258.55	-53.65	0.00	
0		6.28	2.36	-2.08	-8.42	255.78	-53.75	0.00	
0		5.66	2.11	-1.86	-7.49	221.68	-56.13	0.00	
0		5.08	1.92	-1.70	-7.62	183.37	-59.73	0.00	
0		4.55	1.74	-1.55	-8.20	148.40	-64.30	0.00	
0		4.01	1.56	-1.39	-9.23	119.18	-70.11	0.00	
0		3.48	1.34	-1.21	-10.87	95.69	-77.71	0.00	
0		2.94	1.09	-0.99	-13.72	77.10	-88.65	0.00	
0		2.41	0.83	-0.74	-18.34	62.50	-103.27	0.00	
0		1.87	0.67	-0.57	-22.82	51.09	-115.34	0.00	

图 5.31　Sediment Fluxes 工作表

Diel Output(日水质变化过程)工作表:Q2K 模型运行过程中将自动依据 Diel Data 工作表用户设定的河段单元编号和 QUAL2K 工作表中设定的计算时间步长,输出单元的温度和水质浓度的变化过程,进行结果汇总,输出至 Diel Output 工作表(图 5.32)。注意,底层沉积物表层温度伴随水温变化而变化。

	t (hr)	Tempw(C)	Temps(C)	cond (umhos)	ISS (mg/L)	DO(mg/L)	CBODs (mgO2/L)	CBODf (mgO2/L)	No(ugN/L)	NH4(ugN/L)	NO3(ugN/L)
	0.00	17.55	18.45	476.46	6.56	4.38	0.85	14.21	1188.48	6147.28	1464.32
	0.19	17.47	18.39	476.47	6.58	4.41	0.85	14.20	1217.42	6076.25	1457.84
	0.38	17.39	18.32	476.52	6.59	4.44	0.85	14.20	1246.49	6005.44	1452.04
	0.56	17.31	18.26	476.60	6.61	4.46	0.85	14.19	1275.63	5935.04	1446.94
	0.75	17.22	18.20	476.77	6.62	4.49	0.85	14.19	1304.93	5865.15	1442.53
	0.94	17.14	18.13	477.00	6.62	4.52	0.85	14.18	1334.23	5795.95	1438.88
	1.13	17.06	18.06	477.27	6.62	4.55	0.85	14.18	1363.42	5727.67	1435.96
	1.31	16.98	18.00	477.58	6.62	4.58	0.85	14.18	1392.41	5660.48	1433.78
	1.50	16.90	17.93	477.92	6.62	4.61	0.85	14.17	1421.11	5594.55	1432.35
	1.69	16.83	17.86	478.33	6.62	4.63	0.85	14.17	1449.57	5530.01	1431.65
	1.88	16.76	17.79	478.79	6.61	4.66	0.85	14.16	1477.70	5467.00	1431.73
	2.06	16.69	17.72	479.31	6.60	4.69	0.86	14.16	1505.39	5405.69	1432.58
	2.25	16.62	17.65	479.85	6.58	4.72	0.86	14.16	1532.55	5346.28	1434.18
	2.44	16.55	17.58	480.43	6.57	4.74	0.86	14.15	1559.11	5288.92	1436.53
	2.63	16.49	17.51	481.05	6.56	4.77	0.86	14.15	1585.03	5233.74	1439.59
	2.81	16.43	17.44	481.73	6.53	4.80	0.86	14.15	1610.30	5180.85	1443.36
	3.00	16.38	17.37	482.45	6.51	4.82	0.86	14.14	1634.83	5130.39	1447.88
	3.19	16.32	17.31	483.20	6.48	4.85	0.86	14.14	1658.53	5082.50	1453.11
	3.38	16.27	17.24	483.98	6.46	4.87	0.86	14.14	1681.33	5037.33	1459.03
	3.56	16.21	17.18	484.78	6.43	4.89	0.86	14.13	1703.17	4995.00	1465.61
	3.75	16.17	17.11	485.63	6.40	4.92	0.86	14.13	1724.08	4955.58	1472.78
	3.94	16.13	17.05	486.52	6.36	4.94	0.86	14.13	1743.97	4919.13	1480.64
	4.13	16.09	16.98	487.43	6.32	4.96	0.86	14.13	1762.77	4885.81	1489.11
	4.31	16.05	16.92	488.36	6.29	4.98	0.86	14.13	1780.44	4855.69	1498.19

图 5.32　Diel Output 工作表

5.13　模拟结果图表

Q2K 模型还以折线图的形式对模型计算结果和用户输入的实际水文、水质过程进行了展示。

（1）水质沿程变化过程图

Q2K 模型执行完运算后还将输出一系列的图表以表现沿河长距离（km）变化的的实际输入水质监测数据与模型水质模拟结果，包括：水动力学图表（流程时间、流量、流速、水深、复氧曝气的沿程变化情况）、水温和常规水质指标图表（水温、电导率、ISS、溶解氧、腐殖质、慢反应 CBOD、快反应 CBOD、DON、NH4、NO3、DOP、无机磷、浮游植物、病原体、碱度、pH）、其他水质指标图表（底栖藻类密度、CBODa、NH3、TN 和 TP、TSS）、沉积物—水通量交换图表（SOD、沉积物 CH4 通量、沉积物 NH4 通量、沉积物无机磷通量）等。

图 5.33 为溶解氧沿程变化过程图（见文后彩图）。图中，黑色实线表示模拟的日平均溶解氧浓度，红色虚线分别表示模拟的日溶解氧最低值和日溶解氧最高值。黑色方点为 WQ Data（水质数据）工作表中输入的实测平均浓度值，白色方点分别为 WQ Data Min（水质最低值）工作表和 WQ Data Max（水质最高值）工作表输入的监测站点实测的日最低和日最高溶解氧浓度值。需要注意的是图中同时以蓝色虚线形式给出了 Q2K 模型模拟的氧饱和浓度。

（2）水质昼夜变化过程图

Q2K 模型展示了一系列的图表以表现温度和其他水质变量的实际监测值和模型模拟

输出结果随昼夜变化过程曲线。

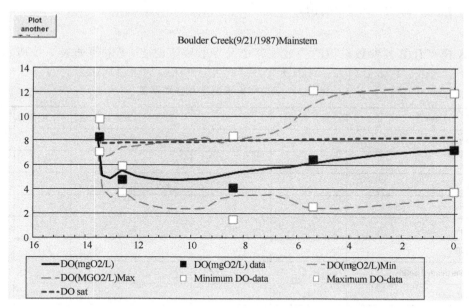

图 5.33　溶解氧沿程变化过程

图 5.34 为溶解氧昼夜变化过程图（见文后彩图）。图中，黑色实线表示模拟的 DO 浓度。黑色方点为 Diel Data（河段单元日水质变化过程）工作表中输入的河段单元溶解氧的实际浓度过程值。需要注意的是图中同时以蓝色虚线形式给出了 Q2K 模型模拟的氧饱和浓度。

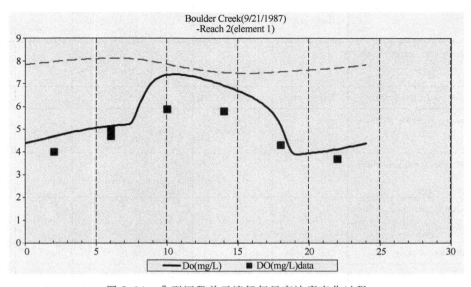

图 5.34　典型河段单元溶解氧昼夜浓度变化过程

5.14　模型推荐参数取值

Q2K 模型计算各参数取值的一般推荐值及参数取值的上、下限值如表 5.1 所示。

表 5.1　QUAL2K 模型推荐参数取值

参数	推荐取值	单位	符号	模型计算值?	下限值	上限值
Stoichiometry:						
Carbon	40	gC	gC	No	30	50
Nitrogen	7.2	gN	gN	No	3	9
Phosphorus	1	gP	gP	No	0.4	2
Dry weight	100	gD	gD	No	100	100
Chlorophyll	1	gA	gA	No	0.4	2
Inorganic suspended solids:						
Settling velocity	1.71596	m/d	v_i	Yes	0	2
Oxygen:						
Reaeration model	Internal	—	—			
Temp correction	1.024	—	a	—	—	—
Reaeration wind effect	None	—	—			
O2 for carbon oxidation	2.69	gO$_2$/gC	r_{oc}			
O2 for NH4 nitrification	4.57	gO$_2$/gN	r_{on}	—	—	—
Oxygen inhib model CBOD oxidation	Exponential	—	—	—	—	—
Oxygen inhib parameter CBOD oxidation	0.60	L/mgO$_2$	K_{socf}	No	0.60	0.60
Oxygen inhib model nitrification	Exponential	—	—	—	—	—
Oxygen inhib parameter nitrification	0.60	L/mgO$_2$	K_{sona}	No	0.60	0.60
Oxygen enhance model denitrification	Exponential	—	—	—	—	—
Oxygen enhance parameter denitrification	0.60	L/mgO$_2$	K_{sodn}	No	0.60	0.60
Oxygen inhib model phyto resp	Exponential	—	—	—	—	—
Oxygen inhib parameter phyto resp	0.60	L/mgO$_2$	K_{sop}	No	0.60	0.60
Oxygen enhance model bot alg resp	Exponential	—	—	—	—	—

续表

参数	推荐取值	单位	符号	模型计算值?	下限值	上限值
Oxygen enhance parameter bot alg resp	0.60	L/mgO$_2$	K_{sob}	No	0.60	0.60
Slow CBOD：						
Hydrolysis rate	3.9988	d^{-1}	k_{hc}	Yes	0	5
Temp correction	1.047	—	hc	No	1	1.07
Oxidation rate	2.03415	d^{-1}	$kdcs$	Yes	0	5
Temp correction	1.047	—	dcs	No	1	1.07
Fast CBOD：						
Oxidation rate	3.3321	d^{-1}	k_{dc}	Yes	0	5
Temp correction	1.047	—	dc	No	1	1.07
Organic Nitrogen：						
Hydrolysis	1.72385	d^{-1}	k_{hn}	Yes	0	5
Temp correction	1.07	—	hn	No	1	1.07
Settling velocity	0.18486	m/d	v_{on}	Yes	0	2
Ammonium：						
Nitrification	8.0321	d^{-1}	k_{na}	Yes	0	10
Temp correction	1.07	—	na	No	1	1.07
Nitrate：						
Denitrification	0.75706	d^{-1}	k_{dn}	Yes	0	2
Temp correction	1.07	—	dn	No	1	1.07
Sed denitrification transfer coeff	0.95469	m/d	v_{di}	Yes	0	1
Temp correction	1.07	—	di	No	1	1.07
Organic Phosphorus：						
Hydrolysis	3.70875	d^{-1}	k_{hp}	Yes	0	5
Temp correction	1.07	—	hp	No	1	1.07
Settling velocity	1.84958	m/d	v_{op}	Yes	0	2
Inorganic Phosphorus：						
Settling velocity	1.34382	m/d	v_{ip}	Yes	0	2
Sed P oxygen attenuation half sat constant	1.02188	mgO$_2$/L	k_{spi}	Yes	0	2
Phytoplankton：						
Max growth rate	2.5	d^{-1}	k_{gp}	No	1.5	3
Temp correction	1.07	—	gp	No	1	1.07

参数	推荐取值	单位	符号	模型计算值?	下限值	上限值
Respiration rate	0.1	d^{-1}	k_{rp}	No	0	1
Temp correction	1.07	—	rp	No	1	1.07
Death rate	0	d^{-1}	k_{dp}	No	0	1
Temp correction	1	—	dp	No	1	1.07
Nitrogen half sat constant	15	ugN/L	$ksPp$	No	0	150
Phosphorus half sat constant	2	ugP/L	$ksNp$	No	0	50
Inorganic carbon half sat constant	1.30×10^{-5}	mol/L	$ksCp$	No	1.30×10^{-6}	1.30×10^{-4}
Phytoplankton use HCO3-as sub-strate	Yes	—	—	—	—	—
Light model	Half saturation	—	—	—	—	—
Light constant	57.6	ly/d	K_{Lp}	No	28.8	115.2
Ammonia preference	25	ugN/L	$khnxp$	No	25	25
Settling velocity	0.15	m/d	v_a	No	0	5
Bottom Algae：						
Growth model	Zero-order	—	—	—	—	—
Max growth rate	487.264	mgA/(m² · d) 或 d^{-1}	C_{gb}	Yes	100	500
Temp correction	1.07	—	gb	No	1	1.07
First-order model carrying capacity	1000	mgA/m²	ab,max	No	1000	1000
Respiration rate	0.01138	d^{-1}	k_{rb}	Yes	0	0.5
Temp correction	1.07	—	rb	No	1	1.07
Excretion rate	0.40298	d^{-1}	k_{eb}	Yes	0	0.5
Temp correction	1.07	—	db	No	1	1.07
Death rate	0.18916	d^{-1}	k_{db}	Yes	0	0.5
Temp correction	1.07	—	db	No	1	1.07
External nitrogen half sat constant	190.17	ugN/L	$ksPb$	Yes	0	300
External phosphorus half sat constant	78.676	ugP/L	$ksNb$	Yes	0	100
Inorganic carbon half sat constant	1.30×10^{-4}	moles/L	$ksCb$	Yes	1.30×10^{-6}	1.30×10^{-4}
Bottom algae use HCO3-as sub-strate	Yes	—	—	—	—	—
Light model	Half saturation	—	—	—	—	—
Light constant	73.10566	ly/d	K_{Lb}	Yes	1	100

续表

参数	推荐取值	单位	符号	模型计算值？	下限值	上限值
Ammonia preference	39.69712	ugN/L	k_{hnxb}	Yes	1	100
Subsistence quota for nitrogen	3.0209832	mgN/mgA	q_0N	Yes	0.0072	7.2
Subsistence quota for phosphorus	0.01284814	mgP/mgA	q_0P	Yes	0.001	1
Maximum uptake rate for nitrogen	7.14269	mgN/(mgA·d)	mN	Yes	1	500
Maximum uptake rate for phosphorus	23.1556	mgP/(mgA·d)	mP	Yes	1	500
Internal nitrogen half sat ratio	2.1723925	—	KqN, ratio	Yes	1.05	5
Internal phosphorus half sat ratio	3.828351	—	KqP, ratio	Yes	1.05	5
Detritus(POM)：						
Dissolution rate	4.30685	d^{-1}	k_{dt}	Yes	0	5
Temp correction	1.07	—	dt	No	1.07	1.07
Settling velocity	1.95865	m/d	v_{dt}	Yes	0	5
Pathogens：						
Decay rate	0.233156	d^{-1}	k_{dx}	Yes	0.2	1.4
Temp correction	1.07	—	dx	No	1.07	1.07
Settling velocity	1	m/d	v_x	No	1	1
Alpha constant for light mortality	0.50831	d^{-1} per ly/h	$apath$	Yes	0	1
pH：						
Partial pressure of carbon dioxide	375	ppm	pco_2	—	—	—
Hyporheic metabolism：						
Model for biofilm oxidation of fast CBOD	Zero-order	—	level 1	—	—	—
Max biofilm growth rate	5	$gO_2/(m^2·d)$ 或 d^{-1}	level 1	No	0	20
Temp correction	1.047	—	level 1	No	1.047	1.047
Fast CBOD half-saturation	0.5	mgO_2/L	level 1	No	0	2
Oxygen inhib model	Exponential	—	level 1	—	—	—
Oxygen inhib parameter	0.60	L/mgO_2	level 1	No	0.60	0.60
Respiration rate	0.2	d^{-1}	level 2	No	0.2	0.2
Temp correction	1.07	—	level 2	No	1.07	1.07

续表

参数	推荐取值	单位	符号	模型计算值?	下限值	上限值
Death rate	0.05	d^{-1}	*level 2*	No	0.05	0.05
Temp correction	1.07	—	*level 2*	No	1.07	1.07
External nitrogen half sat constant	15	ugN/L	*level 2*	No	15	15
External phosphorus half sat constant	2	ugP/L	*level 2*	No	2	2
Ammonia preference	25	ugN/L	*level 2*	No	25	25
First-order model carrying capacity	100	gD/m^2	*level 2*	No	100	100
Generic constituent:						
Decay rate	0.8	d^{-1}	—	No	0.8	0.8
Temp correction	1.07	—	—	No	1.07	1.07
Settling velocity	1	m/d	—	No	1	1
Use generic constituent as COD?	No	—	—	—	—	—

参考文献

Adams E E, Cosler D J, Helfrich K R. 1987. Analysis of evaporation data from heated ponds, cs-5171, research project 2385-1, Electric Power Research Institute, Palo Alto, California 94304. April.

Andrews, Rodvey. 1980. Heat exchange between water and tidal flats. *D. G. M* 24(2). (in German).

APHA. 1995. Standard methods for the examination of water and wastewater, 19 th Edn. *American Public Health Association, American Water Works Association and Water Environment*. Federation: Washington D. C.

Asaeda T, Bon T V. 1997. Modelling the effects of macrophytes on algal blooming in eutrophic shallow lakes. *Ecol Model*, **104**: 261-287.

Baker K S, Frouin R. 1987. Relation between photosynthetically available radiation and total insolation at the ocean surface under clear skies. *Limnol Oceanogr*, **32**: 1370-1377.

Baly E C C. 1935. The kinetics of photosynthesis. *Proc Royal Soc. London Ser B*, **117**: 218-239.

Banks R B. 1975. Some features of wind action on shallow lakes. *J Environ Engr Div ASCE*, **101**(EE5): 813-827.

Banks R B, Herrera F F. 1977. Effect of wind and rain on surface reaeration. *J Environ Engr Div ASCE*, **103**(EE3): 489-504.

Barnwell T O, Brown L C, Mareck W. 1989. Application of expert systems technology in water quality modeling. *Water Sci Tech*, **21**(8-9): 1045-1056.

Bejan A. 1993. *Heat Transfer*. New York : Wiley.

Bowie G L, Mills W B, Porcella D B, *et al*. 1985. Rates, Constants, and Kinetic Formulations in Surface Water Quality Modeling U. S. Envir Prot Agency, ORD, Athens, GA, ERL, EPA/600/3-85/040.

Brady D K, Graves W L, Geyer J C. 1969. Surface Heat Exchange at Power Plant Cooling Lakes, Cooling Water Discharge Project Report, No. 5, Edison Electric Inst. Pub. No. 69-901, New York, NY.

Bras R L. 1990. Hydrology. Addison-Wesley, Reading, MA.

Brown L C, Barnwell T O. 1987. The Enhanced Stream Water Quality Models QUAL2E and QUAL2E-UN-CAS, EPA/600/3-87-007, U. S. Environmental Protection Agency, Athens, GA, 189 pp.

Brunt D. 1932. Notes on radiation in the atmosphere: I. *Quart J Royal Meteorol Soc*, **58**: 389-420.

Brutsaert W. 1982. *Evaporation into the atmosphere: theory, history, and applications*. D Reidel Publishing Co, Hingham MA, 299 p.

Butts T A, Evans R L. 1983. Effects of Channel Dams on Dissolved Oxygen Concentrations in Northeastern Illinois Streams, Circular 132, State of Illinois, Dept of Reg and Educ, Illinois Water Survey, Urbana, IL.

Carslaw H S, Jaeger J C. 1959. *Conduction of Heat in Solids*. Oxford: Oxford Press; 510.

Cengel Y A. 1998. *Heat Transfer: A Practical Approach*. New York: McGraw-Hill.

Chapra, Canale. 2006. *Numerical Methods for Engineers*, 5th Ed. New York: McGraw-Hill.

Chapra S C. 1997. *Surface water quality modeling*. New York: McGraw-Hill.

Chapra S C. 2007. *Applied Numerical Methods with MATLAB for Engineering and Science*, 2nd Ed. New

York: WCB/McGraw-Hill.

Chow V T, Maidment D R, Mays L W. 1988. *Applied Hydrology*. New York: McGraw-Hill, 592.

Churchill M A, Elmore H L, Buckingham R A. 1962. The prediction of stream reaeration rates. *J Sanit Engrg Div*, ASCE, **88**(4), 1-46.

Coffaro G, Sfriso A. 1997. Simulation model of Ulva rigida growth in shallow water of the Lagoon of Venice. *Ecol Model*, **102**: 55-66.

Covar A P. 1976. Selecting the Proper Reaeration Coefficient for Use in Water Quality Models. *Presented at the US EPA Conference on Environmental Simulation and Modeling*, April 19-22, 1976, Cincinnati, OH.

Di Toro D M, Fitzpatrick J F. 1993. *Chesapeake Bay sediment flux model Tech Report EL-93-2*, US Army Corps of Engineers, Waterways Experiment Station, Vicksburg, Mississippi, 316 pp.

Di Toro D M, Paquin P R, Subburamu K, *et al*. 1991. Sediment oxygen demand model: Methane and ammonia oxidation. *J Environ Eng*, **116**(5): 945-986.

Di Toro D M. 1978. Optics of turbid estuarine waters: Approximations and applications. *Water Res*, **12**: 1059-1068.

Di Toro D M. 2001. *Sediment Flux Modeling*. New York: Wiley-Interscience.

Droop M R. 1974. The nutrient status of algal cells in continuous culture. *J Mar Biol Assoc*. UK, **54**: 825-855.

Ecology. 2003. Shade. xls-a tool for estimating shade from riparian vegetation. Washington State Department of Ecology. http://www.ecy.wa.gov/programs/eap/models/

Edinger J E, Brady D K, Geyer J C. 1974. Heat Exchange and Transport in the Environment. Report No. 14, EPRI Pub No. EA-74-049-00-3, Electric Power Research Institute, Palo Alto, CA.

Finlayson-Pitts B J, Pitts J N. 2000. *Chemistry of the upper and lower atmosphere: Theory, experiments, and applications*. Pittsburgh : Academic Press.

Finnemore E J, Franzini J B. 2002. *Fluid Mechanics with Engineering Applications*, 10th *Ed*. New York, McGraw, Hill.

Geiger R. 1965. *The climate near the ground*. Cambridge: Harvard University Press.

Gordon N D, McMahon T A, Finlayson B L. 1992. *Stream Hydrology: An Introduction for Ecologists*. Chichester : John Wiley and Sons.

Grigull U, Sandner H. 1984. *Heat Conduction*. New York: Springer-Verlag.

Hamilton D P, Schladow S G. 1997. Prediction of water quality in lakes and reservoirs. 1. *Model description Ecol Model*, **96**: 91-110,

Harbeck G E. 1962. A practical field technique for measuring reservoir evaporation utilizing mass-transfer theory. US Geological Survey Professional Paper 272-E, 101-5.

Harned H S, Hamer W J. 1933. The ionization constant of water. *J Am, Chem Soc*, **51**: 2194.

Helfrich K R, Adams E E, Godbey A L, *et al*. 1982. Evaluation of models for predicting evaporative water loss in cooling impoundments. Report CS-2325, Research project 1260-17. Electric Power Research Institute, Pala Alto, CA.

Hellweger F L, Farley K L, Lall U, *et al*. 2003. Greedy algae reduce arsenate. *Limnol. Oceanogr*, **48**(6): 2275-2288.

Holland H D. 1978. *The Chemistry of the Atmosphere and Oceans*. NY: Wiley-Interscience.

Hutchinson G E. 1957. *A Treatise on Limnology*, *Vol.* 1, *Physics and Chemistry*. New York: Wiley.

Jobson H E. 1977. Bed conduction computation for thermal models. *J Hydraul Div ASCE*, **103** (10): 1213-1217.

Koberg G E. 1964. Methods to compute long-wave radiation from the atmosphere and reflected solar radiation from a water surface. US Geological Survey Professional Paper 272-F.

Kreith F, Bohn M S. 1986. *Principles of Heat Transfer*, 4th *Ed*. New York : Harper and Row.

Laws E A, Chalup M S. 1990. A microalgal growth model. *Limnol Oceanogr*, **35**(3):597-608.

LI-COR. 2003. Radiation Measurement Instruments, LI-COR, Lincoln, NE, 30 pp.

Likens G E, Johnson N M. 1969. Measurements and analysis of the annual heat budget for sediments of two Wisconsin lakes. *Limnol Oceanogr*, **14**(1):115-135.

Mackay D, Yeun A T K. 1983. Mass transfer coefficient correlations for volatilization of organic solutes from water. *Environ Sci Technol*, **17**:211-233.

Marciano J K, Harbeck G E. 1952. *Mass transfer studies in water loss investigation*: *Lake Hefner studies*. *Geological Circular* 229. Washington DC: US Geological Survey.

McIntyre C D. 1973. Periphyton dynamics in laboratory streams: A simulation model and its implications. *Ecol Monogr*, **43**:399-420.

Meeus J. 1999. *Astronomical algorithms*. *Second edition*. Richmond: Willmann-Bell, Inc.

Melching C S, Flores H E. 1999. Reaeration equations from U. S. geological survey database. *J Environ Engin*, **125**(5):407-414.

Mills A F. 1992. *Heat Transfer*. Homewood: Irwin.

Moog D B, Iirka G H. 1998. Analysis of reaeration equations using mean multiplicative error. *J Environ Engrg*, ASCE, **124**(2):104-110.

Nakshabandi G A, Kohnke H. 1965. Thermal conductivity and diffusivity of soils as related to moisture tension and other physical properties. *Agr Met*. **2**(4):271-279.

O'Connor D J, Dobbins W E. 1958. Mechanism of reaeration in natural streams. *Trans ASCE*, **123**: 641-684.

Owens M, Edwards R W, Gibbs J W. 1964. Some reaeration studies in streams. *Int J Air and Water Pollution*, **8**:469-486.

Plummer L N, Busenberg E. 1982. The Solubilities of calcite, aragonite and vaterite in CO_2-H_2O solutions between 0 and 90℃, and an evaluation of the aqueous model for the system $CaCO_3$-CO_2-H_2O. *Geochim Cosmochim*. **46**:1011-1040.

Raudkivi A I. 1979. *Hydrology*. Oxford : Pergamon.

Redfield A C, Ketchum B H, Richards F A. 1963. The Influence of organisms on the composition of seawater// Hill M N. *The Sea*. Vol. **2**:27-46. NY : Wiley-Interscience.

Riley G A. 1956. Oceanography of Long Island Sound 1952-1954. II. Physical Oceanography, Bull Bingham Oceanog Collection 15, pp. 15-16.

Rosgen D. 1996. *Applied river morphology*. Wildland Hydrology publishers. Pagosa Springs, CO.

Rutherford J C, Scarsbrook M R, Broekhuizen N. 2000. Grazer control of stream algae: Modeling temperature and flood effects. *J Environ Eng*,**126**(4):331-339.

Ryan P J,Harleman D R F. 1971. *Prediction of the annual cycle of temperature changes in a stratified lake or reservoir*. Mathematical model and user's manual. Ralph M. Parsons Laboratory Report No. 137. Massachusetts Institute of Technology. Cambridge,MA.

Ryan P J,Stolzenbach K D. 1972. Engineering aspects of heat disposal from power generation,(Harleman D R F, ed.). R. M. Parson Laboratory for Water Resources and Hydrodynamics,Department of Civil Engineering, Massachusetts Institute of Technology,Cambridge,MA

Schwarzenbach R P, Gschwend P M, Imboden D M. 1993. *Environmental Organic Chemistry*. Wiley-Interscience,681.

Shanahan P. 1984. Water temperature modeling: A practical guide. //*Proceedings of stormwater and water quality model users group meeting*, April 12-13, 1984. USEPA, EPA-600/9-85-003. (users. rcn. com/ shanahan. ma. ultranet/TempModeling. pdf).

Smith E L. 1936. Photosynthesis in relation to light and carbon dioxide. *Proc Natl Acad Sci*,**22**:504-511.

Steele J H. 1962. Environmental control of photosynthesis in the sea. *Limnol Oceanogr*,**7**:137-150.

Stumm W,Morgan J J. 1996. *Aquatic Chemistry*,$3^{rd}Ed$. New York:Wiley-Interscience,1022.

Szeicz G. 1974. Solar radiation for plant growth. *J Appl Ecol*,**11**:617-636.

Thackston E L, Dawson J W. III. 2001. Recalibration of a reaeration equation. *J Environ Engrg*, **127**(4): 317-320.

Thackston E L,Krenkel P A. 1969. Reaeration-prediction in natural streams. *J Sanit Engrg Div*,ASCE,**95**(1): 65-94.

Tsivoglou E C,Neal L A. 1976. Tracer measurement of reaeration III,predicting the reaeration capacity of inland streams. *Journal of the Water Pollution Control Federation*,**48**(12):2669-2689.

Thomann R V,Mueller J A. 1987. *Principles of Surface Water Quality Modeling and Control*. New York: Harper-Collins.

TVA. 1972. Heat and mass transfer between a water surface and the atmosphere. Water Resources Research,Laboratory Report No. 14. Engineering Laboratory,Division of Water Control Planning,Tennessee Valley Authority,Norris TN.

Wanninkhof R,Ledwell I R,Crusius I. 1991. Gas Transfer Velocities on Lakes Measured with Sulfur Hexafluoride// Wilhelms S C, Gulliver I S. *Symposium Volume of the Second International Conference on Gas Transfer at Water Surfaces*,Minneapolis,MN.

Wood K G. 1974. Carbon dioxide diffusivity across the air-water interface. *Arch Hydrobiol*,**73**(1):57-69.

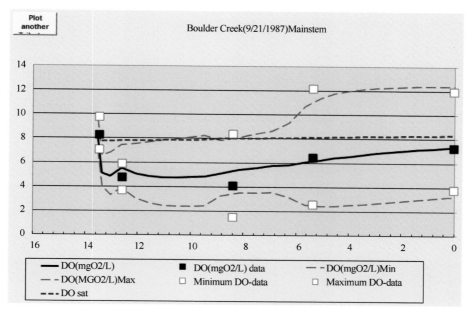

图 5.33　溶解氧沿程变化过程

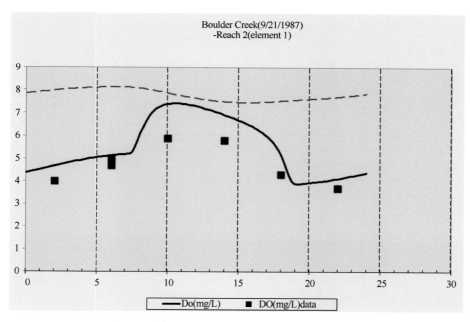

图 5.34　典型河段单元溶解氧昼夜浓度变化过程